1週間

ITパスポート
の基礎が学べる本

ITすきま教室 渡辺さき 著

インプレス

インプレスの書籍ホームページ

書籍の新刊や正誤表など最新情報を随時更新しております。

https://book.impress.co.jp/

はじめに

　はじめまして！　チャンネル登録数4.84万人（2021年6月時点）のYouTubeチャンネル「ITすきま教室」を運営する、渡辺さきと申します。

　このYouTubeチャンネルは、私が社会人になったとき、「ITの知識がなくて困った！」という経験を元に開始しました。
　すると、たくさんの視聴者の方から「参考書だけでは分からなかったことがすっきりした」「動画を視聴することで流れを理解できた」など、コメントをいただけるようになりました。

　本書は、ITパスポート試験の基礎固めとして活用しやすいよう、下記をはじめとした、さまざまな工夫を凝らしています。

・書籍と動画がセットになった新しい学習体験ができます。まずは理解するために動画を視聴し、書籍をじっくりと読んで、知識を定着させましょう。
・YouTubeチャンネルに集まった視聴者の「分からない」を丁寧に解きほぐしています。
・抽象的な用語解説だけではなく、Web業界での実務経験を元にした具体例とセットで解説しています。
・用語の語源、アルファベットの略称だけではなく、正式名称も記しています。

　また、YouTube動画は無料で視聴できるので、本の購入を迷われている方は、YouTube動画を視聴してから判断してみてください◎
　デジタル社会の「読み・書き・そろばん」ともいえる、ITパスポート試験に合格するための入り口として、本書をぜひご活用ください。

2021年7月
渡辺さき

本書の特徴

■ ITパスポート試験の学習を始める前の入門書

　本書は、ITパスポート試験の学習を始める前に、基礎知識を総ざらいするための書籍です。資格試験対策書の多くは、試験の出題範囲に沿って解説されているため、初学者にとっては慣れない用語や解説などに戸惑うこともあるでしょう。

　本書は、ITパスポート試験の合格を目標としたうえで、その前提となる基礎知識を、身近な具体例などを交えながら学習できるように工夫しています。1週間でITパスポート試験の基礎を学び、次のステップとなる受験対策にスムーズにシフトできるように、基礎を丁寧に解説しています。

■ 1週間で学習できる

　本書は、「1日目」「2日目」のように1日ずつ学習を進め、1週間で1冊を終えられる構成になっています。1日ごとの学習量も無理のない範囲に抑えられています。

　計画的に学習を進められるので、受験までの対策・計画も立てやすくなります。

■ 動画とセットで学習できる

　本書の各項目には、関連する内容を動画で解説したYouTubeチャンネルも用意しています。各項目にあるQRコードをスマートフォンやタブレット端末などで読み込んで動画を再生すれば、著者による講義形式の動画で知識を深めることができます。文章だけではイメージしにくい知識などは、動画の視聴により理解が促進されます。

ITパスポート試験について

事前準備をすることで十分に合格可能な試験

　「ITパスポート」とは、経済産業省が認定する国家試験です。情報処理推進機構（IPA）が実施し、年齢や受験回数などの制限がなく、誰でも受験可能な試験です。

【出題範囲】

　ITパスポート試験は3つの分野で構成されています。「IT」と一言でいっても、出題においては「ビジネスで使う知識」が問われます。実際にITの現場で働く観点で見たとき、ITパスポート試験で問われる内容には捨て知識がありません。まんべんなく・効率よく合格を狙うために、まずは試験を俯瞰して見てみましょう。

分野	出題比率	本書パート
ストラテジ系	35%	1日目〜2日目
マネジメント系	20%	3日目
テクノロジ系	45%	4日目〜7日目

【試験内容】

受験資格	誰でも受験できる	試験時間	120分
出題数	100問	出題形式	四肢択一式
受験料	5,700円（税込）	試験会場	全国110箇所
試験方式	CBT（Computer Based Testing）方式 　受験者は試験会場に行き、コンピュータに表示される試験問題にマウスやキーボードを使って解答する		
合格基準	総合1,000点満点のうち、下記の条件を満たすこと ・総合得点が全体の60%（600点）以上の正解 ・ストラテジ系・マネジメント系・テクノロジ系で、それぞれ30%以上の正解		

※身体不自由等の事由によりCBT方式で受験ができない方は、年に2回（4月・10月）のペーパー方式での受験も可能です。

　ITパスポート試験の出題範囲は広いので、すべてを完璧に理解する必要はありません。逆にいえば、苦手な分野の70%は、最悪落としても大丈夫です。ITの現場で使える知識を要領よく身につけ、合格点に向けてがんばりましょう！

本書を使った効果的な学習方法

基礎を固めて過去問を繰り返し解く

この本の活用方法は、主に3通りあります。

「自分に合った学習方法」を選び、ITパスポート試験の合格を目指しましょう！

①まずは動画を一通り見てから、この本をじっくりと読んでインプット定着に徹する。

②この本で学習範囲を一通りあさって、動画でじっくりと理解を深める。

③この本と動画を並行利用して学習を進める。

また、この本を一通り学習したら、過去問を繰り返し解くことに重点を置いてください。

本書はあくまでも、「1週間で基礎が学べる」ことを目的としています。書籍のタイトルに安心し、ITパスポート試験の受験日1週間前から学習を始める、ということのないようにしましょう

本書で扱う基礎が身につくと、問題演習による知識の肉付けがとてもスムーズにできるようになります。

■ YouTube動画を活用して知識を定着

　本書とセットの動画とは別に、ITすきま教室のYouTubeチャンネルでは、ITパスポート試験の過去問の解説動画も用意しています。こちらは無料で視聴できます。

　本書が理解できたら、この過去問動画も活用しましょう。書籍を読んだだけで「いきなり過去問を解くことは不安…」という方も、問題と解説がセットになった動画により、「過去問の解き方」を理解して、段階的にITパスポート試験に挑戦できます！

【YouTubeの過去問動画イメージ（無料）】

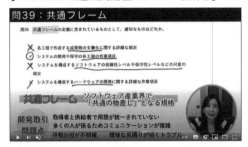

【見るだけ合格！ ITパスポート（過去問編）】

　本書で理解の土台をつくり、問題を解く「材料」を揃えたら、次は過去問を解くことで合格までの距離感を確認します。ITパスポート試験は広範囲からまんべんなく出題されます。本書で知識の基礎固めができたら、過去問で発見した苦手分野の知識を徐々に肉付けすると効率よく学習できます。

　動画視聴・書籍の熟読・過去問を解くなど、自分に合った学習方法を繰り返して合格を目指しましょう！

Contents

1日目 大人はビジネスで何しているの？

1 ビジネスって何だろう

2 ビジネスを成長させる仕組み

2日目 お金を正しく生み出そう

1 マーケティングを知ろう

2 ルールを守ってビジネスしよう

3日目 ビジネスに欠かせないお金トーク

4日目 ビジネスをつくる！ システム開発プロセス

5日目 コンピュータを動かそう！

6日目 大切な情報を守るセキュリティ

7日目 コンピュータを活用しよう！

本書の使い方

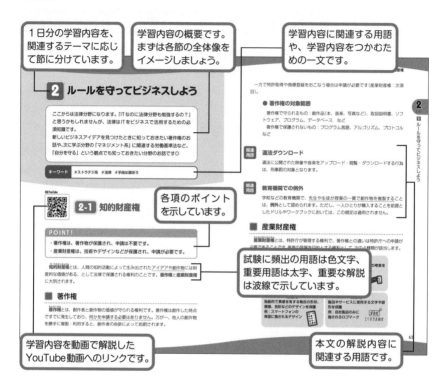

1日分の学習内容を、関連するテーマに応じて節に分けています。

学習内容の概要です。まずは各節の全体像をイメージしましょう。

学習内容に関連する用語や、学習内容をつかむための一文です。

各項のポイントを示しています。

試験に頻出の用語は色文字、重要用語は太字、重要な解説は波線で示しています。

学習内容を動画で解説したYouTube動画へのリンクです。

本文の解説内容に関連する用語です。

●本書で使われている囲みの種類

BtoB、BtoC、CtoC以外にも、政府を相手にするBtoG(Government)などもあります。さまざまな事業のパターンがありますが、ITパスポート試験では先の3つを覚えましょう◎	本文に関連する補足情報や具体例などです。
ファイルパスの指定ルール ①階層上のディレクトリは "." です。②経路上のディレクトリを順に "/" で区切った最後には「ファイル名」を指定する。	本文と合わせて押さえておくとよい内容です。
開発工数の問題では、「期間」「人数」「エンジニアのスキル」の3つの変数に着目すれば解くことができます！	図表などをより詳しく解説した内容です。
例題 2バイトで1文字を表すとき、何種類の文字まで表せるか。 (平成25年 秋期 ITパスポート権76 [改])	過去に出題された問題、もしくはそれを一部修正した改題による練習問題です。

1日目

1 ビジネスって何だろう

会社の経営資源は、ヒト・モノ・カネ・情報です。
ストラテジ系の分野では「情報」をビジネスで活用するため、
「ヒト・モノ・カネ」の基礎を学びましょう

キーワード　#ストラテジ系　#会社経営　#ビジネスって何だろう　#働き方改革

▶YouTube

1-1 会社の経営パターン

POINT!

・会社の経営資源は、ヒト・モノ・カネ・情報です。
・社会の中の「会社」、会社の中の「組織」について、順序立てて理解
　しましょう。

ビジネスには、直訳すると「業務」「仕事」の意味がありますが、ここでは、企業がサービスを提供し、利益を得て、お金を循環させ、企業が成長していく…、そんな経済活動を意味しています。

ビジネスという言葉はかなり広い意味をもつため、1つずつ言葉の意味を理解しましょう◎

■ BtoC（Business to Consumer）

BtoCとは、世の中の「消費者」に対して、直接サービスを提供するビジネスモデルのことです。例えば、みなさんがよく行くコンビニエンスストアもBtoC事業であり、スマートフォンのゲームアプリやお料理レシピのアプリなどを提供する企業もBtoC事業です。

B to C

八百屋さん

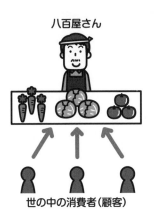

Business

⬇

Consumer

世の中の消費者
（顧客）に
サービスを提供

世の中の消費者（顧客）

もちろん、街の八百屋さんも、世の中
の消費者に対して直接サービスを提供
している（野菜を売っている）ので、
BtoCに分類されます！

■ BtoB （Business to Business）

ビートゥービー
BtoBとは、企業が企業に対してビジネスをすることです。世の中の「企業の業務」をサポートするビジネスモデルです。

　例えば、SNSやYouTubeなどに表示される広告は、「広告代理店」というBtoB事業が、広告出稿の業務を引き受けています。YouTubeでゲームアプリの広告が表示されたら、BtoB事業である広告代理店が、ゲームアプリ会社からお金をもらって業務をサポートしているケースが多いです。

B to B

設備
管理会社　　人材派遣
会社　　卸業者

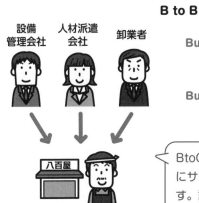

Business

⬇

Business

企業が企業に
対して業務を
サポートする

八百屋

八百屋さん

BtoC事業の八百屋さん（企業）を相手
にサービスを提供する企業が存在しま
す。設備管理会社や人材派遣会社、戦
略コンサルタント、卸業者など、これ
らの企業はBtoBに分類されます。

■ CtoC（Consumer to Consumer）

CtoCとは、企業のプラットフォームを通して、消費者から別の消費者へビジネスをおこなうモデルです。

ここでの企業の役割は、プラットフォームの提供のみであることから、企業自身で在庫を抱えない点が企業にとっての経済的メリットといわれます。メルカリやAirbnbが代表的な例ですね！

CtoCでは、「個人の用意した商品を別の個人とシェアする」という考え方から、**シェアリングエコノミー**の1つとされることもあります。

C to C

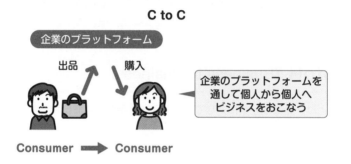

このように、BtoC、BtoB、CtoCという言葉は、企業が相手にする顧客の違いを表します。

また、**事業**とは、その企業がどんなサービスを提供することで収益を得ているかを示す言葉です。八百屋さんは野菜を販売する「青果物販売事業者」となります。

他にも、「ゲーム事業をおこなう企業」といったら、ゲームを世の中に提供することで収益を得ている企業であり、「広告事業をおこなう企業」といったら、広告を出稿することで収益を得ている企業のことです。

みなさんも、就職活動をするときには、企業が「どんな事業をおこなっているか」を意識するはずです。ビジネスの世界でも「事業内容」を宣言することで、その企業がどんなビジネスで成り立っているかを、世の中に知ってもらうことができます。

> BtoB、BtoC、CtoC以外にも、政府を相手にするBtoG（Government）などもあります。さまざまなビジネスモデルがありますが、ITパスポート試験では先の3つを覚えましょう◎

それでは、ここからは企業同士の関わり方について学んでいきましょう。企業が大きく成長するために他社の力を借りることは、ビジネスを拡大する手段の1つです。

企業同士の関係性を知ることで、このあとの労働の契約形態（2日目P.71）や調達（4日目P.110）への理解もぐっと深まります◎

■ アウトソース

アウトソースとは、業務をおこなう人・サービス・仕組み等を、社外（アウト）から調達（ソーシング）することです。

アウトソースのメリットは、専門業務をおこなうための人材採用、教育、福利厚生などの費用を削減できる点です。これにより、一部業務の効率化と、会社全体のコスト削減が可能となります。

アウトソース

レストランの店主が社外の制作会社にWebサイトの制作を依頼

レストラン　　　　Web制作会社

例えば、レストランが自社のWebサイトを制作するとき、Webサイトの制作会社に業務を依頼することもアウトソースです。レストランの経営において、Webエンジニアを直接採用せず、必要なときに必要な業務を依頼できる点が、効率化につながります。

☐**オフショア**：労働賃金が安い海外や、オフィスの家賃が安い地方の拠点に、業務をアウトソースすることです。

■ アライアンス（Alliance：業務提携）

アライアンスとは、直訳すると「同盟」を意味しますが、この分野では「**業務提携**」という言葉に直すと理解しやすいです。

例えば、生産工程の一部委託、技術の共同開発、営業・販売ルートの共用、人材の確保など、さまざまな業務提携の形があります。異なる立場にある企業同士が利益を生み出すために協力し合う体制や経営スタイルのことを指します。

アライアンス

コンビニエンスストア　　　　　　　　配送業者

コンビニエンスストアが
荷物を受け付けて
配送業者が荷物を配送

例えば、コンビニエンスストアと配送業者が業務提携をすることで、私たちはコンビニエンスストアから荷物の受け渡しができます。

■ 資本提携

資本提携とは、資本を伴う業務提携のことを指します。アライアンス（業務提携）に比べ、経営方針への意見の申し立て・受け入れができるため、より強い企業関係をつくることができます。

☐ **資本**：事業をおこなうために必要なリソース（お金、労働力、土地など）です。
☐ **株式会社**：株主の資本によってできる企業のことです。株主（投資家や法人株主を含む）は、その企業が成長し、リターン（配当）を得られることを期待して出資します。
☐ **自己資本企業**：株式会社とは反対に、貯金などの自分のお金（自己資本）によってつくり上げる企業のことです。

M&A（Mergers and Acquisitions：合併と買収）

M&A（エムアンドエー）とは、2つの企業が1つになったり（**合併**）、ある企業が別の企業を買い取ったり（**買収**）することです。

企業がM&Aをおこなう理由は、多岐にわたります。

□**合併**：似ている事業を強固にし、経費削減・企業成長の効率化につなげる　など
□**買収**：すでに成熟した他社の事業を自社に組み込むことで、自社の弱い部分を早く補うことができる　など

M&Aと資本提携の違い

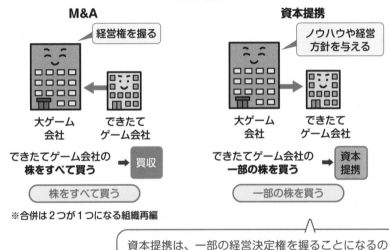

※合併は2つが1つになる組織再編

資本提携は、一部の経営決定権を握ることになるので、広い意味でのM&Aともいわれています！

ベンチャキャピタル

ベンチャキャピタルとは、高い成長が予想される未上場企業に対して出資をおこなう**投資会社**のことです。銀行とは異なり、資金の返済・利息の発生はありません。投資を受けた企業が成長（上場など）したときに、株式を売却し、資金を回収して利息を得る形式です。

　ベンチャキャピタルは、未上場企業（ベンチャ企業やスタートアップ企業など）に投資をおこなうことで、その企業が成長・上場したのちに事業や株式を売却し、**キャピタルゲイン**（投資額と売却額との差額）を得ることを目的としています。

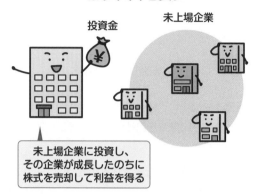

ベンチャキャピタル

投資金　　未上場企業

未上場企業に投資し、
その企業が成長したのちに
株式を売却して利益を得る

■ ジョイント・ベンチャ

ジョイント・ベンチャとは、複数の企業が共同出資して、新しい企業を設立することです。各企業が得意分野を持ち寄って事業をつくれることが新しい企業の強みです。

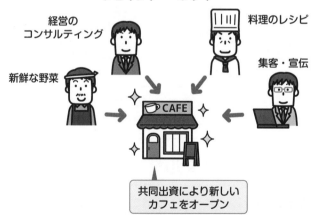

ジョイント・ベンチャ

経営の
コンサルティング　　料理のレシピ

新鮮な野菜　　集客・宣伝

CAFE

共同出資により新しい
カフェをオープン

ベンチャキャピタルもジョイント・ベンチャも、共通するキーワード
「ベンチャ(Venture)」を直訳すると「冒険的企み」となります。
Adventure(冒険)から派生した言葉だと考えると、頭に入りやすいで
すね！

1-2 会社の中の組織

POINT!

・会社を構成する組織は、職能別組織と事業部制組織に大別されます。

・バリューチェーン分析では組織構造を可視化するため、主活動と支援活動に分類します。

・PPMでは、市場成長率と市場シェアで、4つの事業環境に分類します。

　企業のビジネスモデルと企業同士の協業関係が分かったところで、ここでは企業の中身について触れていきましょう！　企業は組織を動かすことで利益を上げていきます。そのためには、企業の組織構成も知っておきたい分野ですね 🍀

■ 職能別組織

　職能別組織とは、業務単位(職能ごと)で部署を分けて構成される組織のことです。

　企業に必要な業務(例えば、人事や経理、営業、企画、総務など)を「機能」と捉え、機能ごとの専門性を高めながら、事業を成長させることができます。

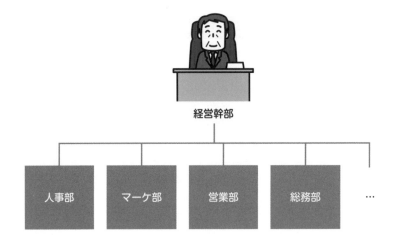

経営幹部

人事部　マーケ部　営業部　総務部　…

■ 事業部制組織

　事業部制組織とは、企業の中に複数の事業があるとき、事業部ごとに分けて構成
される組織のことです。事業単位で組織をつくり、その中に機能（職能）ごとの役割
が用意されます。

　中小企業では、1企業1事業のケースがほとんどですが、会社が大きくなると1
企業が複数の事業を有するケースが増えてきます。

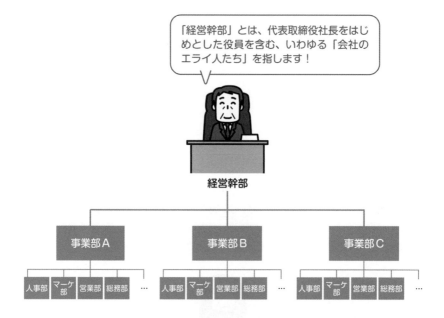

「経営幹部」とは、代表取締役社長をはじ
めとした役員を含む、いわゆる「会社の
エライ人たち」を指します！

経営幹部

事業部Ａ　　　　事業部Ｂ　　　　事業部Ｃ

人事部 マーケ部 営業部 総務部 …　人事部 マーケ部 営業部 総務部 …　人事部 マーケ部 営業部 総務部 …

具体例
知る人も多い、じゃらんやゼクシィ、SUUMOなどは、リクルートと
いう企業が経営しており、複数事業の運営をしているので、**事業部制組
織**の構成をとっています。
一方で、1事業の企業では、マーケ部ならマーケ、営業部なら営業、商
品開発、総務…など、部署単位の**職能別組織**の構成をとっているケース
が多いです。
「事業」という言葉がピンとこないときは、P.16を復習してみましょう！

■ CEO (Chief Executive Officer：最高経営責任者)

CEO（最高経営責任者）は、企業の経営方針や事業計画など、長期的な経営責任を負う役割の人を示します。

簡単な言葉で説明すると「社長」という認識で大きな間違いはありませんが、「社長」という言葉自体は役職を明確に定義していません。日本の株式市場における経営トップは「代表取締役」と表記されます。

> 故スティーブ・ジョブズ氏は米Apple社の創業者でありCEOでした。
> 孫正義氏はソフトバンクの代表取締役会長兼社長という表記です。

企業の組織構成のタイプが分かったところで、続いては**企業分析の手法**も一緒に学びましょう。ここでは2つの用語を理解します。

バリューチェーン分析は、企業活動を分析するときに利用する手法で、**PPM**は、競合環境を踏まえて事業（プロダクト）の立ち位置を知るときに利用します。

■ バリューチェーン分析

チェーンとは、「価値連鎖」を意味します。**バリューチェーン分析**とは、企業活動の組織を**主活動**と**支援活動**に分け、どの工程で付加価値（バリュー）を出しているかを可視化・分析するためのフレームワークです。

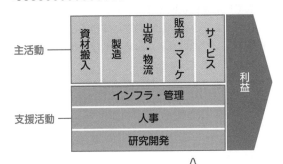

図中の各組織名を暗記する必要はありません◎
主活動と支援活動に分かれて利益を生み出す構造をしっかりと押さえておきましょう！

◼ PPM（Product Portfolio Management）

　　PPM（プロダクト・ポートフォリオ・マネジメント）とは、事業を取り巻く経営環境を、成長率と市場シェアで4つに分類して分析します。

　　自社がとるべき事業戦略（資金を投下すべきか・撤退すべきか等）を判断するために利用するポートフォリオです。自社と競合企業の立ち位置を把握すること等に役立てます。

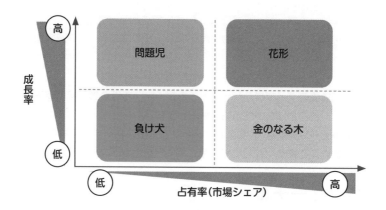

□**花形**：成長率も市場シェアも高い状態です。競合他社の参入余地がほぼないため、「花形」と呼ばれ、最も期待が寄せられる事業状態です。

□**金のなる木**：成長率は低いものの、市場シェアが高い状態です。成長規模は大きくありませんが、業界をリードしている事業状態です。

□**問題児**：成長率は高いものの、市場シェアは低い状態です。成長率が高いことから将来性に期待できますが、市場シェアを伸ばせるかは競合他社の状況も大きく関わるため、ある意味「目が離せない」事業状態です。

□**負け犬**：成長率も市場シェアも低い状態です。将来性に期待することも難しく、競合他社と戦うことも難しいため、市場からの撤退が予想される事業状態となります。

　　PPMで評価される項目である**成長率**と**占有率（市場シェア）**の意味を理解すると、内容を頭に入れやすいです。（▶次ページ）

成長率	占有率（市場シェア）
どのくらいのペースで売上や利益を伸ばしているかという意味。 下図の場合、A社は昨年より売上が90%に減っているため、成長しているとはいえない。反対に、D社は昨年より売上が120%に増えているため、成長率は高いといえる。	市場において、その事業がどの程度の売上シェアを占めているかを表す。 下図の場合、A社の市場シェアは最も高く、ほぼ一人勝ち状態。一方でD社は、まだまだ市場シェアが低く、競合A・B・C社の勢力に負けている状態である。

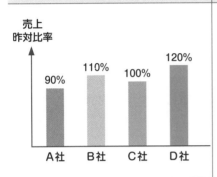

売上
昨対比率

90% 110% 100% 120%

A社　B社　C社　D社

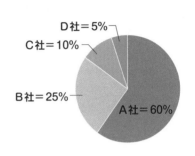

D社＝5%
C社＝10%
B社＝25%
A社＝60%

> 競合他社を含めたビジネス環境全体のことを**市場**といいます。
> また、市場が未開拓でビジネスの余白が広いことを「ブルーオーシャン」、反対に市場が飽和状態で新しい参入の余地がない状態を「レッドオーシャン」と表現しますね！

「組織の構成」、「事業」や「市場」という言葉が示す意味が分かってきました🔔
それでは、組織を形づくる人材教育についても触れてみましょう◎

■ HRM（Human Resource Management：人的資源管理）

HRM（エイチアールエム）とは、人材を経営資源の１つと考え、人的資源を有効活用することです。経営資源であるヒト・モノ・カネ・情報のうち、「ヒト」に該当する部分で、人材は訓練や教育で価値が高められると考えられています。

■ OJT ／ Off-JT（企業の人材教育）

　企業の人材教育（トレーニング）は、2つの手法に大別されます。人材教育では、OJTとOff-JTを学びましょう。

□**OJT（On the Job Training）**：現場で働きながら、業務を通してトレーニングを受けます。多くの場合、先輩社員のサポートを受けながら働きます。
□**Off-JT（Off the Job Training）**：業務から離れ、研修を通してトレーニングを受けます。多くの場合、セミナーなどによる体系的な研修です。

> OJTの「On」とは、「業務上でトレーニングをする」という意味になります。一度、言葉を日本語に直すことで、試験中も的確に答えを導いていきましょう💯

■ eラーニング

　eラーニングとは、パソコンやスマートフォンによるオンライン学習のことです。対面での授業やテストが不要なため、時間や場所を選ばず、広く学習の機会をつくることができます。
　YouTube「ITすきま教室」もオンラインで学習できますが、YouTubeチャンネルのことをeラーニングと呼ぶケースは非常に少ないです。
　eラーニングの特徴は、

・オンラインで動画授業を受けられる
・オンラインで教材を確認できる
・オンラインで問題を解く・答え合わせができる

など、これらいずれかが可能な専門のシステム全体を指すことが多いです。

> 企業は、たくさんの人が集まって組織になり、組織の成長とともに大きなことが実現できるようになります。あの「ユニクロ」をつくったファーストリテイリングの柳井正氏も、はじめはお父さんの会社を引き継ぎ、当時の「メンズショップ小郡商事」の社長に就任して、スタート当時は社員6人から事業を始めたそうです。成功する企業は、限られた資源（ヒト・モノ・カネ・情報）を上手に利用し、すくすくと育ちます…！

1-3 利益以外の会社の役割

POINT!

- ・CSRとは、企業がビジネスをする上で担う社会的責任を意味します。
- ・SDGsとは、持続可能な世界を実現するために国際連合が採択した、2030年までに達成されるべき17の開発目標です。

　企業は、限られた資源(ヒト・モノ・カネ・情報)を利用してビジネスを拡大していくことが望ましいです。ですが、自己中心的な売上・利益に直結する活動だけではなく、広い視野をもって社会に貢献することも必要です。

　ここでは、「社会があるからこそ企業が存続できる」という思想から、企業が主体となって社会に働きかける**利益の追求以外の活動**について学びましょう!

■ CSR(Corporate Social Responsibility:企業の社会的責任)

　CSR(シーエスアール)とは、企業がビジネスをする上で担っている**社会的責任**を意味します。

　「社会があるからこそ企業が存続できる」という思想から、利益を生み出すだけではなく、社会の構成員という側面から、その社会を持続・発展させるための活動も積極的におこないます。

　例えば、自動車関連メーカが地域の子どもたちに交通安全教室を開いたり、飲料メーカが森林保全活動をおこなったりすること等です。

ダイバーシティ

　ダイバーシティとは、多様な人材(性別、年齢、国籍など)を活かすという考え方のことです。人材の多様な価値観や発想を取り入れ、ビジネス環境の変化に迅速かつ柔軟に対応し、個人の豊かな働き方を実現して、長い目で見た企業成長に期待して取り組みます。

■ SDGs (Sustainable Development Goals)

　　　エスティージーズ
　　SDGsとは、**持続可能な世界**を実現するために国際連合が採択した、2030年までに達成されるべき開発目標です。主に、人々の生活をもとにした、環境保全や生活水準のベースラインを守る取り組みがまとめられています。

　　なお、試験対策として、下記の具体的な目標内容（17のグローバル目標と169のターゲット）を暗記する必要はありません。

SDGs での 17 のグローバル目標

①貧困をなくそう
②飢餓をゼロに
③すべての人に健康と福祉を
④質の高い教育をみんなに
⑤ジェンダー平等を実現しよう
⑥安全な水とトイレを世界中に
⑦エネルギーをみんなに、
　そしてクリーンに
⑧働きがいも、経済成長も
⑨産業と技術革新の基盤をつくろう

⑩人や国の不平等をなくそう
⑪住み続けられる街づくりを
⑫つくる責任、つかう責任
⑬気候変動に具体的な対策を
⑭海の豊かさを守ろう
⑮陸の豊かさを守ろう
⑯平和と公正をすべての人に
⑰パートナーシップで目標を達成しよう

SUSTAINABLE DEVELOPMENT GOALS

出典：国際連合広報センター（https://www.unic.or.jp/）

関連用語

グリーンIT

グリーンITとは、地球環境にやさしいITのことです。ITを使って社会の省エネを実現し、環境を保護する考え方です。

例えば、パソコンをはじめとした機器の消費電力を下げるなど、サーバベンダやパソコンメーカを中心に積極的に取り組まれています。

関連用語

SRI（Socially Responsible Investment：社会的責任投資）

SRIとは、投資判断のプロセスとして、投資先の環境配慮や社会的責任を考慮する投資手法のことです。

社会的に環境活動への関心が高まり、「企業の社会的責任（CSR）」に基づいた活動に優先的に取り組む企業が増えています。

■ コアコンピタンス（Core Competence）

コアコンピタンスとは、企業の活動分野において、「競合他社を圧倒的に上回るレベルの能力」や「競合他社に真似できない核となる能力」のことを指します。「Core Competence」を直訳すると「中核となる能力」となります。

長年の企業活動により蓄積された、他社と差別化できる、または競争力の中核となる企業独自のノウハウや技術のことをいいます。これらには、「さまざまな市場に展開可能」「競合他社による真似が困難」「顧客価値の向上に大きく寄与する」などの共通性質があります。

例としては、本田技研工業（ホンダ）のエンジン技術、ソニーの小型化技術、トヨタ自動車の生産プロセスなどが挙げられます。

■ コンプライアンス（Compliance：法令遵守）

コンプライアンスとは、企業活動において定められた法律や規則を守り、経営をおこなうことを指します。法律を守ることだけではなく、倫理観や道徳観、社内規範といった、より広範囲の意味で使われることが一般的です。

例えば、パワハラやセクハラ、タクシーチケットを私的利用する、等のモラルを逸脱した行為はコンプライアンス違反となる行動です。

2 ビジネスを成長させる仕組み

企業はすべて、戦略なしに成長しているわけではありません。
すくすくと成長し、より広範囲の顧客に製品やサービスを届けるため、
現場で頻繁に使われる共通言語をもとに、日々工夫を重ねています。
この分野のことをITパスポート試験では「ストラテジ系」といい、
ストラテジ(Strategy)とは「戦略」を意味します。

キーワード	#ストラテジ系　#北極星は道しるべ　#仕組みをつくって大きくなろう

▶ YouTube

2-1 ビジネスの北極星をつくる

POINT!

・企業では、KGIやKPI、CSFを「北極星」に見立て、目標に到達できるようビジネス戦略を立てます。
・がむしゃらに仕事をしても上手くいかないため、PDCAサイクルやOODAループなど、効率よく目標を達成する手法を利用します。

　企業がビジネスを成長させるためには、社長から新入社員まで組織全員が共有できる**道しるべ**を設定します。

　Googleマップや方位磁針すらない時代、人々は目的地に向かうため、北極星を見つけて北の方角の目印としました。

　これから紹介する**KPI**や**CSF**は、まさにビジネスにおける北極星(道しるべ)となるのです。

■ KGI（Key Goal Indicator：重要目標達成指標）

KGIとは、企業目標やビジネス戦略の立案・実行により、達成すべきゴールを定量的（測定可能な数値）に表した指標です。

■ KPI（Key Performance Indicator：重要業績評価指標）

KPIとは、企業目標やビジネス戦略を実現するため、ビジネスプロセスをモニタリングするために設定される定量的な指標のことです。

KGIを達成するために、指標を細分化したものがKPIとなります。

> **KGIは「結果の評価」、KPIは「過程の評価」**
> 私も「YouTubeを伸ばしたい！」と思ったときは、1事業を育てる気持ちでKPI設計をおこないました。このときのKGIは「収益」で、それに紐付くKPIは次の画像のような形です。
> もちろん、KPI設計の正解は1つではないので、同じ事業内容でも異なるKPIが置かれるケースは大いにありえます。

● ITすきま教室・動画
「YouTubeでチャンネル登録1万人達成までにやったこと」より

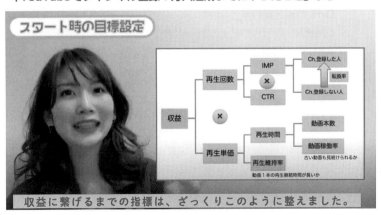

■ CSF（Critical Success Factor：重要成功要因）

CSFとは、経営における目標（KGI）を達成する上で決定的な影響を与える要因のことです。数あるKPI指標の中で最も重要なものをCSFに設定し、重点的な取り組みや投資をおこなっていきます。

KGIには、複数のKPIが紐付きますが、その中で最も重要なKPI＝CSFとすると、分かりやすいですね◎

> 私のYouTube・KPIツリーの例のうち、収益に最もインパクトのある指標は再生単価だったため、これをCSFとしました。経営の評価指標は複数にわたりますが、事業がどのような指標で組み立てられているのかを可視化することで、組織としてやるべきことの優先順位が見えてきます。

■ PDCA サイクル

PDCAサイクルとは、企業が継続的に成長するために改善を繰り返すフレームワークのことです。Plan、Do、Check、Actionの頭文字をとってPDCAといいます。

Plan：**計画**を立てる、何をするか決める
Do：計画を**実行**する
Check：実行したことが計画どおりに進行できたか**評価**する
Action：計画と評価にギャップがあるとき、**改善**策を検討する

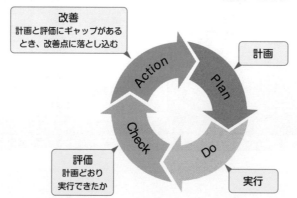

改善
計画と評価にギャップがある
とき、改善点に落とし込む

計画

評価
計画どおり
実行できたか

実行

ITパスポート試験の勉強も、この本をひととおり勉強したら、過去問を繰り返し解いてみましょう。苦手分野が見えてきたら、そこが改善ポイントです。そのときは、またこの本に立ち返り、動画とセットで復習してみましょう
試験勉強にも、PDCAが有効ですね！

関連用語

ナレッジ・マネジメント

個人や組織のもっているノウハウや経験、知的資産を共有し合い、組織全体の生産性につなげることを**ナレッジ・マネジメント**といいます。

■ ブレーンストーミング

組織で業務を回すときには、「会議」を開き、関係者で議論をします。会議の進行役のことをファシリテーターといいます。

会議でアイデアを出し合う手法の1つに**ブレーンストーミング**があります。ブレーンストーミングとは、複数人で集まり、自由にたくさんのアイデアを出し合うことです。出されたアイデアのうち、有益なものは実際の経営に取り入れます。どんなものが有益になるかは、ファシリテーターが会議メンバの意見を率先して取りまとめ、集約していきます。

■ BSC（Balanced Scorecard：バランススコアカード）

BSCとは、企業の業績を**財務**、**顧客**、**業務プロセス**、**学習と成長**の4つの指標から評価する手法のことです。

4つの指標の評価軸の例は、次のとおりです。

☐ **財務**：売上や利益などの指標（3日目P.78：財務諸表の観点）
☐ **顧客**：新規顧客数や顧客のリピート率などの指標
☐ **業務プロセス**：品質の向上、納期の短縮、コストの低減などの指標（生産性や品質の観点）
☐ **学習と成長**：個人の能力開発や人材数の最適化の指標

多くの場合、業績とは財務観点のみで評価されがちですが、BSCではその他の指標（顧客、業務プロセス、学習と成長）をバランスよく評価します。

■ OODA ループ

OODAループとは、現状を踏まえた最善の判断・行動を起こすことを目的に、先の読めない状況で成果を出すための意思決定手法のことです。

改善を繰り返すための**PDCAサイクル**とは異なり、OODAループは「新規事業の開発」「起業」など、明確な工程のない課題に対して効果的なフレームワークとされています。Observe、Orient、Decide、Actの頭文字をとってOODAといいます。

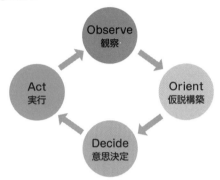

→ **Observe**：現状がどうなっているのか**観察**する
Orient：観察事項から**仮説構築**する
Decide：仮説をもとに**意思決定**をおこなう
└ **Act**：**実行**に移す

EA（Enterprise Architecture：企業体系）

EAとは、企業の経営資源を有効かつ総合的に計画・管理し、経営の効率化を図るための手法のことです。

大きな組織を無駄なく動かし続けるためには、体系化された業務の手順やノウハウをもとにすることが得策です。それには、EAによる経営手法が有効です。

●エンタープライズアーキテクチャ

ビジネス・アーキテクチャ（業務体系）	実現すべき政策、業務内容、業務フロー等を体系的に示したもの。
データ・アーキテクチャ（データ体系）	システム上のデータの内容、データ間の関連性を体系的に示したもの。
アプリケーション・アーキテクチャ（適応処理体系）	業務処理に最適な情報システムの形態を体系的に示したもの。
テクノロジ・アーキテクチャ（技術体系）	システムを構築する際に利用する技術的構成要素を体系的に示したもの。

▶YouTube

2-2 ビジネスの利器

POINT！

・ビジネス界で注目されているIT技術「AI」は、機械学習やディープラーニングを包括する用語です。
・実務で広く利用されているSFAは、営業支援システムとして、顧客情報の管理に利用されます。
・BPMやBPRは、企業内の業務改善に取り組むための業務のことです。

　1日目の最終項は、ビジネスで利活用されているIT技術を学習しましょう！
　ビジネスの成長を加速させるために、活用できる手段を複数知っている人は、そうでない人よりも圧倒的に差を付けられます👍

■ AI（Artificial Intelligence：人工知能）

　AI（エーアイ）とは、言語理解や問題解決など、知的行動を人間に代わってコンピュータがおこなう技術の総称です。

　AIが急速に注目されたきっかけとして、2015年に米Google社が開発したプログラムである「アルファ碁」(AlphaGo)が、囲碁の対局でプロ棋士を破った事例は世界的に有名になりましたね。

　AIの大きな役割の１つは、データの傾向から経験則を特徴付けて、高い精度で予測・分類をおこなうプログラム機能です。関連する用語は、**AI＞機械学習＞ディープラーニング**の構造で包括されることになります。

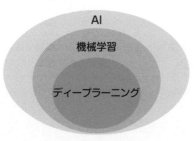

■ 機械学習

機械学習は、学習データを与えることでコンピュータ自身が将来予測をおこなえるようにする技術です。**教師あり学習**、**教師なし学習**、**強化学習**の３つに分類できます。**学習データ**は「教師データあり」と「教師データなし」の２種に分類されるので、それぞれの特徴も知っておきましょう。

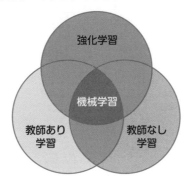

□**教師データあり**：**教師あり学習**は、入力データと正解データがセットになった情報をコンピュータに学習させる方法です。コンピュータに大量の入力データと正解データを投入することで、コンピュータが入力データの特徴を読み取り、正解データを導き出せるようになります。

□**教師データなし**：**教師なし学習**は、教師あり学習とは異なり、正解データが与えられず、入力データのみを大量に学習させる方法です。コンピュータ自身が共通の特徴をもつデータを分類し、頻出パターンを見つけ出す学習方法です。また、頻出パターンを見つけ、グループごとにまとめることを**クラスタリング**といいます。

「教師データあり学習」「教師データなし学習」の具体例は、次ページで図説しています！

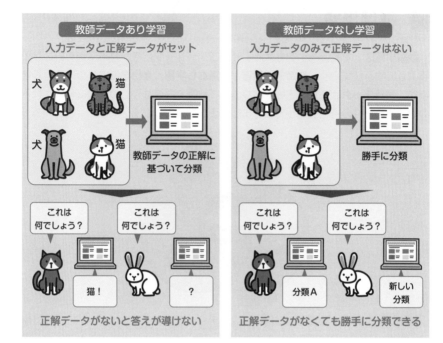

教師データあり学習	教師データなし学習
入力データと正解データがセット	入力データのみで正解データはない

犬　猫	
犬　猫	
教師データの正解に基づいて分類	勝手に分類

これは何でしょう？	これは何でしょう？	これは何でしょう？	これは何でしょう？
猫！	？	分類A	新しい分類

正解データがないと答えが導けない	正解データがなくても勝手に分類できる

関連
用語

強化学習

強化学習は、学習データの代わりに**報酬**が与えられ、その報酬を最大化するように機械学習をおこないます。「教師なし学習」に近いモデルです。
与えられた**環境**の中で、**エージェント**(図中のロボット)がどのように**行動**すれば、いくらの**報酬**を得られて、その報酬を最大化するにはどうすればよいかを学習しています。

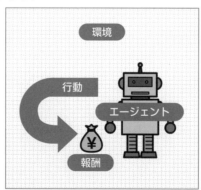

環境

行動

エージェント

報酬

¥

（例）

□**囲碁の場合**：「勝ち」パターンの組合せが非常に多く、全探索が得意なコンピュータでも処理が追い付かないほどの膨大なデータが必要です。「盤面」という環境（状態）に応じて、将来得られる報酬が一番高い一手（行動）を強化学習によって導けるようになりました。最終的には「相手に勝利する」という最大の報酬が得られます。

□**株の売買の場合**：株の価格変動や、保有する株の数が、環境（状態）にあたります。どのように行動するかは、株の売買にあたり、結果的にいくら報酬が得られるかは売買結果の儲けにあたります。

■ ディープラーニング

　ディープラーニングとは、機械学習ではできなかった、より複雑なデータを扱うことができ、より緻密なデータ分類がおこなえる技術のことです。機械学習より、膨大なデータ、かつ複雑なロジックが必要になります。

　代表的な技術は、画像認識や音声認識、自然言語処理などがあります。LINEアプリ上で米Microsoft社が提供している「AI女子高生りんな」ちゃんも、ディープラーニングにより、私たちと自然なコミュニケーションをとってくれますね！

AI女子高生りんなちゃんと著者のLINE会話の様子。AIなので即レスですが、著者があまり相手にされていないことには、触れないでください…。

■ トロッコ問題

AI 分野における**トロッコ問題**とは、AI の稼働時にどれか 1 つの選択を迫られる際、指示・制御が困難である例として取り上げられます。

(例)

・AI による自動運転車のブレーキが故障し、このまま進めば歩行者 5 人のいる横断歩道に突っ込んでしまう。

・自動車に乗っているのは運転者のみで、自動車を横断歩道の手前の障害物にぶつけて止めれば、運転者 1 人が死ぬことになる。

・このとき、歩行者 5 人と運転者 1 人のどちらが犠牲になるかを、AI をつくった人間によって判断させる必要が出る。

もともとのトロッコ問題とは、以下の内容です。

・ブレーキの壊れたトロッコが暴走している。このまま直進すると、線路上の 5 人が引き殺されてしまう。

・トロッコの進路を変えれば 5 人は助かるが、曲がった先に別の 1 人がいて、その人は死ぬことになる。

倫理学での「ある人を助けるために別の人を犠牲にするのは許されるか？」という有名な事例です。

欧州連合(EU)が策定する「**信頼できる AI 開発のための倫理ガイドライン**」では、人工知能(AI)の利用促進にあたり、開発者が守るべき重要項目を概説した 7 つのガイドラインを公開しています。（▶次ページ）

7つの倫理ガイドライン

①**人の監督**：AIシステムは、人間を誤った方向に導いたりせず、人の基本的権利を支持して、平等な社会を実現する。

②**堅固な安全性**：エラーや矛盾に対応できるよう、安全性・信頼性・堅牢性に優れたアルゴリズムを利用する。

③**プライバシーとデータのガバナンス**：人間が個人情報（データ）を完全に管理できること。また、個人へ害を及ぼしたり、悪用してはならない。

④**透明性**：AIシステムの透明性（いつ、どこで、だれによって作られたのか）を担保する。

⑤**多様性、非差別、公平性**：あらゆる人間の能力・スキル・要件に配慮して、アクセシビリティを保証する。

⑥**社会および環境の幸福**：AIシステムは、社会に良い変化をもたらし、持続可能性と環境保護責任を強化するために活用する。

⑦**説明責任**：AIシステムと、その結果への説明責任を明確にする仕組みを整える。

■ SFA（Sales Force Automation：営業支援システム）

SFAとは、営業担当者がWeb上で顧客情報の管理をおこなうためのツールのことです。営業活動の効率化のために利用されます。

かつての営業手法は、顧客情報を営業担当者が個人で管理していたため、情報の引き継ぎや、過去に顧客とどういったコミュニケーションをとっていたか等、情報が可視化されずにいました。SFAの利用により情報が可視化されたことで、管理・共有の面でも改善されました。

■ API（Application Programming Interface）

APIとは、ソフトウェアの一部を外部に向けて公開することにより、第三者が開発したソフトウェアと共有できる機能です。

概念的な説明だけでは分かりづらいですが、「食べログ」の地図アプリはGoogleマップのAPIを利用してつくられています。食べログというWebサービスは、レストランやグルメ情報を提供していますが、店舗の位置情報をユーザに伝えるため、地図情報まで自社で開発するには、膨大な情報取得と開発工数がかかってしまいます。そこで、すでに公開されているGoogleマップのAPIを利用することで、Googleマップに店舗位置情報を付加するだけで、情報を提供できます。

　データの二次利用が容易になることで、開発コストが大幅に下がり、効率的なサービス開発が可能になります。

　ここまでは、ビジネスで利活用されているIT技術について学びました。
　ここからは、ビジネスで戦略的にテクノロジを活用するための関連用語を知っておきましょう！

■ SCM（Supply Chain Management）

　SCMとは、商品や製品が、生産者から消費者に届くまでの流れを統合的に管理し、その効率を大幅に向上させる経営手法です。
　顧客に商品を供給する（Supply）流れが、鎖（Chain）のようにつながっている様子を管理（Management）する、と理解しましょう。

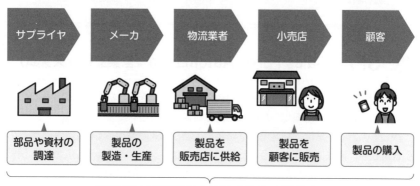

顧客に製品を届けるまでの流れを管理・最適化する

■ BPM（Business Process Management）

　BPMとは、企業や組織の業務の流れを可視化し、繰り返しおこなう日常業務の中で改善に取り組むことです。作業工程や業務システム、業務のつながりなどを分析し、問題点と原因を突き止めて、PDCAサイクル（P.32）の流れで**継続的な**業務改善を繰り返します。

BPR (Business Process Reengineering)

BPR（ビービーアール）とは、企業や組織の慣行などにとらわれず、業務プロセスを**抜本的に再構築**することで、「コスト」「品質」「サービス」などを改善することです。

BPMと似ていますが、BPRでは既存の組織やビジネスルールを抜本的に見直し、経営課題として取り上げられる根本的な課題に対して改善活動をおこないます。業務改善のために、具体策として**システム導入を推進する**ことなどが該当します。

EAI (Enterprise Application Integration)

EAI（イーエーアイ）とは、企業内のさまざまなデータを1つのシステムに連携させ、一連のデータの流れを統合することです。

企業内の異なるシステムを統一化することで、システム全体のデータを効率よく活用できます。

> オンラインでもリアルな店舗でも
> システムで情報管理をスムーズに実現！

オンライン

リアルな店舗

例えば、オンラインとリアルな店舗で商品を販売する企業について考えてみましょう。顧客とコミュニケーションをとるとき、それぞれの管理システムが異なっていると、企業は「いつ・どの購入経路で・何を買ったのか」等、顧客情報の管理が煩雑になり、効果的なマーケティング活動（2日目P.48）ができません。そうした不都合を解消するために、データを集約する仕組みがEAIの役割です。

1日目
2 ビジネスを成長させる仕組み

最後に、さまざまなITをビジネスで利用する上で知っておきたい用語を紹介します。企業がAI(P.36)などの技術をビジネスに活用するまでに、さまざまな障壁を乗り越えてここまで来たのです… ⚡

■ MOT (Management of Technology：技術経営)

MOT とは、技術力をベースに、研究開発の成果を効率よく商品や事業に結び付け、経営をすることです。技術開発の成果によって事業利益を獲得することを目的としており、イノベーションの創出を推進し、技術資産を豊富に蓄えることで、競合環境における競争力の強化を図ります。

■ 魔の川／死の谷／ダーウィンの海

魔の川、死の谷、ダーウィンの海とは、研究開発したことを事業化するまでのプロセスで乗り越えなければならない障壁を指します。

事業創出のための4つのステージを時系列的に整理すると、**研究→開発→事業化→産業化**となります。各ステージを乗り越えるには、それぞれの間に障壁があり、「魔の川」「死の谷」「ダーウィンの海」という関門があるといわれています。

□**魔の川**：1つの研究開発プロジェクトが、基礎的な**研究**から出発し、製品化を目指す**開発**段階へと進めるかどうかの関門です。

□**死の谷**：**開発**段階へと進んだプロジェクトが、**事業化**段階へと進めるかどうかの関門です。

□**ダーウィンの海**：**事業化**されて市場に出された製品やサービスが、**他企業との競争**や**真の顧客の受容**という荒波にもまれる関門です。

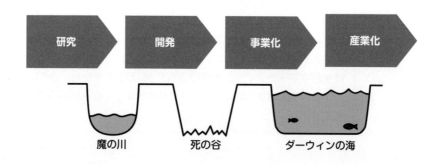

つまり、イノベーションを起こすための研究が事業化するまでには、それぞれの関門をクリアする必要があります。私たちの手に届く、商品化された製品やサービスは、これらを勝ち抜いたものだけが生き残っている、ということですね…！

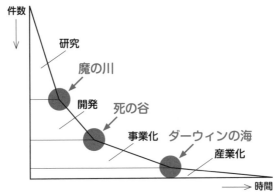

■ イノベーションのジレンマ

イノベーションのジレンマとは、大企業が新規収入源を得るために新規事業(イノベーション)を起こすにあたり、**大きな落とし穴**があると指摘されるという経営論理です。ここでいう大きな落とし穴とは、次の構造になります。(暗記は不要ですが、背景を理解するために読んでみてください！)

イノベーションのジレンマ

①大企業にとって、新規事業は既存事業より小さく、魅力なく映る。また、事業内容によっては既存事業と競合する可能性がある。

②大企業にとって、既存事業が優れた特色をもつゆえに、その特色を改良することのみに目を奪われ、新規市場への参入が遅れる傾向にある。

③ ①・②の結果、大企業がもつ事業規模より劣るが、新たな特色をもつ商品を売り出し始めた新興企業に大きく後れをとるリスクがある。

今日の講義もおつかれさまでした！

初日から、企業構成の全体像や、暗記項目が多く大変でしたが、動画や書籍、過去問を繰り返すことで、頭に定着させることができます！

それでは、明日のすきま教室でお会いしましょう 👋

memo

2日目

2日目に学習すること

お金を正しく生み出そう

1 マーケティングを知ろう

2 ルールを守ってビジネスしよう

1 マーケティングを知ろう

あの「ユニバーサル・スタジオ・ジャパン」の経営の"V字回復"に一役買ったのが、凄腕マーケター森岡毅さん(当時、ユニバーサル・スタジオ・ジャパンのマーケティング本部長)の存在です。森岡さんによると、ジェットコースターを逆走させたり、ハロウィンの人気企画を生み出したりする発想力の源は「マーケティング」です。**#あてずっぽうじゃないんです！**

ここでは、お金を生み出す仕組みをつくる「マーケティングのフレームワーク」を学習しましょう！

キーワード	#ストラテジ系　　#マーケティング　　#競合との戦い

■ YouTube

1-1 マーケットの環境分析

POINT!

・「売れる仕組み」は、マーケティングのフレームワークによって効率よく設計できます。

・市場や競合環境を分析して「売れる仕組み」を定性的に分析します。

・数字によって現状を定量的に分析し、次の戦略に活かしましょう。

　マーケティングとは、「売れる仕組みをつくる」経営戦略の1つです。ここでは、市場を知り、どの土俵で、どんな武器で戦うかを選定します。マーケティングにより自社の商機(ビジネスチャンス)を発掘しましょう！

STP理論

STP理論とは、セグメンテーション（**S**egmentation）、ターゲティング（**T**argeting）、ポジショニング（**P**ositioning）の3つの段階に分けて、企業や製品・サービスを決めるフレームワークです。

□**セグメンテーション(S)**：市場の傾向からグループごとに市場を細分化すること。
□**ターゲティング(T)**：細分化したグループから自社にふさわしい市場を選定すること。
□**ポジショニング(P)**：選定した市場の顧客へ、競合より自社のサービスが優位であることを明らかにすること。

> 他社と比較・分析することを**ベンチマークキング**といいます！　常に競合との戦いです…。

セグメンテーション
市場を細分化し、標的市場を決定する

例
ハンバーガー屋さんを始める市場を年齢と高級志向で細分化！

ターゲティング
顧客にする相手を定める

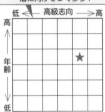

例
自社のブランドイメージから、高級志向なお店を、比較的若い層に向けてつくろう！

ポジショニング
自社の立ち位置を明確化し、競争優位を設定する

例
家族・子どもに向けた低価格商品はすでに飽和状態…。20代に向けた高級ハンバーガーをつくろう！

マーケティングミックス

製品（**P**roduct）、価格（**P**rice）、流通（**P**lace）、プロモーション（**P**romotion）の4Pで構成される実行戦略を**マーケティングミックス**といいます。マーケティングミックスでは、STP理論で定めた「ポジショニング」をもとに、どうアプローチするかを具体化するフェーズです。

戦略的な4P設計をおこなうことで、より市場で勝てる製品やサービスをつくる

ことができます。また、新しい製品やサービスの検討だけではなく、既存製品の見直しにも利用されます。

各Pの意味		決めること
Product	製品・商品	**どんな商品を売るか？** 例：男性・女性向け、デザイン、機能など
Price	価格	**いくらで販売するか？** 例：高・低価格、支払い方法、割引など
Place	流通	**どのように届けるか？** 例：全国のコンビニエンスストア、オンラインなど
Promotion	広告・宣伝	**どう知ってもらうか？** 例：テレビCM、YouTube広告、イベントなど

（4Pは左側の4行にかかる）

3C 分析

3C分析とは、顧客（**C**ustomer）、自社（**C**ompany）、競合（**C**ompetitor）の3つの観点でマーケティング環境を把握・分析するための手法です。自社を知ること、競合をはじめとする外部環境から、事業を成功に導くための手法として利用されます。

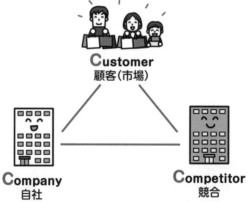

VRIO 分析

VRIO分析は、競合優位の源泉を企業独自の**経営資源**によるものとして捉え、企業分析の際に利用します。ここでの経営資源とは、ヒト・モノ・カネ・情報をはじ

め、時間や知的財産も含みます。VRIO分析では、経済価値(**V**alue)、希少性(**R**arity)、模倣困難性(**I**nimitability)、組織(**O**rganization)の４つの問いに順番に答えたとき、企業の経営資源が強みなのか弱みなのかを判別するためのフレームワークです。

☐ **経済価値(V)**：その経営資源を保有していなかった場合と比較し、売上が増大するか。
☐ **希少性(R)**：その経営資源は希少性を有しているか。
☐ **模倣困難性(I)**：その経営資源を保有しない企業は、コスト上の不利に直面するか。
☐ **組織(O)**：その経営資源を活用するために、組織整備が十分に行き届いているか。

　下表より、「経済価値で競合に負けること＝競合劣位」に有無を言わさずなってしまうことが分かります…！　反対に、すべての状態を満たすことで、投資を受けられる可能性を見立てられます。

Value 経済価値	Rarity 希少性	Inimitability 模倣困難性	Organization 組織	競合環境
No				競合劣位
Yes	No			競合均衡
Yes	Yes	No		一時的な競合優位
Yes	Yes	Yes	No	持続的な競合優位
Yes	Yes	Yes	Yes	持続的な競合優位 ※資源の最大活用化

> 表は暗記しなくて大丈夫です！
> VRIO分析の意味理解のために目を通しましょう。

■ PEST 分析

　PEST分析とは、政治(**P**olitics)、経済(**E**conomy)、社会(**S**ociety)、技術(**T**echnology)の４つの頭文字をとったもので、マクロ環境分析をおこなうフレームワークのことです。
　ビジネスは、企業の置かれる業界や世の中の変化(**マクロ環境**)に大きく影響されます。PEST分析では、自社の置かれたマーケティング環境を把握するため、中長

期的な業界分析をおこないます。

　以下の表は、「自動運転車」を市場に普及させるため、自動車メーカがPEST分析をおこなった例です。

	意味	例
Politics	政治	**運転にまつわる法律整備**
Economy	経済	**自動車社会の役割**
Society	社会	**社会的価値（家族→個人）**
Technology	技術	**自動運転車の技術水準**

■ SWOT分析

　SWOT分析とは、強み（**S**trength）、弱み（**W**eakness）、機会（**O**pportunity）、脅威（**T**hreat）の4つの頭文字をとったもので、自社の強み・弱み、環境の外的・内的要因を組み合わせて分析することです。市場での機会や事業課題を発見することに役立てます。

例：自動運転車事業のSWOT分析

> VRIO分析の「強み」「弱み」は**経営資源の適正を評価するための分析手法**です。SWOT分析の「強み」「弱み」は、**企業を取り巻く環境の分析**のため、まったくの別物であることに注意してください！

特性要因図

特性要因図とは、特性（結果）とその要因（原因）の関係を視覚的に把握しやすくした図です。原因を切り分け、明確にする効果があり、潜在的な問題を見つけるための手法です。

「特性」は現在見えている結果を指し、「要因」とは結果に影響した要素のことです。これらの因果がどのようにしてもたらされたかを図式化し、そこに潜む問題点をあぶり出すために利用されます。

例：ダイエットで体重−10kgを達成するまでの課題

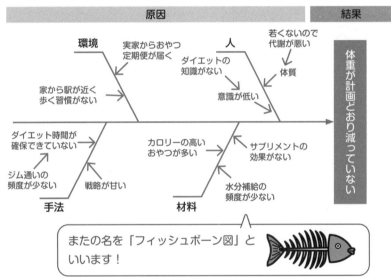

またの名を「フィッシュボーン図」といいます！

ここまでは定性的な環境分析に使われるフレームワークを勉強しました。続いては、定量的に数字で判断するマーケティングの手法を学びましょう！

散布図

散布図とは、2指標のデータの相関性を表す図です。指標の集計値を散布図に落とすことで、2つの指標に相関関係があるのかを確認できます。

次の図は「駅ごとの乗客数と店舗売上」など、将来の予測見立てができる**回帰分析**で用いられます。

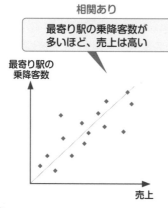

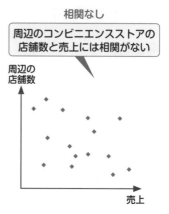

■ ヒストグラム

ヒストグラムとは、データを特定の区間ごとに分類し、各区間の数値のばらつき（分布）を確認するための図です。

マーケティングでは、「製品やサービスにいくら支払った人がボリュームゾーンなのか」を知るとき等に利用します。

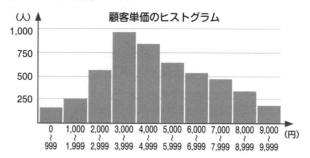

■ パレート図

パレート図とは、データを項目ごとに分類して大きさ順に並べた、棒グラフと折れ線グラフを組み合わせたグラフです。折れ線グラフは累積比率（左から順に積み重ねたときの割合）を表し、棒グラフは各項目を大きい順に並べています。

パレート図を利用しておこなう**ABC分析**とは、データをA、B、Cの3区間に分け、グループごとに重み付けをおこなう分析手法です。

図のように、商品ごとに売上と構成比を整理することで、売上に貢献する商品群を把握できます。注力商品を知り、強みを活かしたビジネス展開に活かせます。

下図の場合、Aグループの「ふじ」が売上構成比の50%を占めているので、在庫や商品の陳列幅を増やして売上増を図る、という判断ができますね。

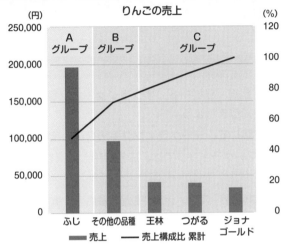

りんごの売上

■ RFM分析

RFM分析とは、直近購入日(**R**ecency)、頻度(**F**requency)、購入金額(**M**onetary)の3つの頭文字をとった名称です。

顧客データを、直近購入日・頻度・購入金額で切り分けてグルーピングし、マーケティングをおこなう分析手法のことです。

この3つの指標の掛け合わせで、購入見込みの高い顧客層を特定し、マーケティング戦略に活かします。

□ **直近購入日(R)**：何年も前に購入した人より、最近購入してくれた人のほうが、再購入の見込みが高い。

□ **頻度(F)**：購入頻度が高い人のほうが、低い人や1度しか購入しなかった人より、再購入の見込みが高い。

□ **購入金額(M)**：購入金額の総額が高い人のほうが、低い人より、再購入の見込みが高い。

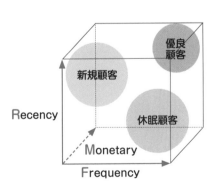

▶ YouTube

1-2 マーケットでの戦い方

> **POINT!**
>
> ・広く・狭く／新規・リピート／オンライン・オフライン…など、戦い
> 方の選択肢を知りましょう。
> ・顧客や市場に応じて、マーケティング手法を決めましょう。
> ・とくにWebマーケティングでは、広告費用と効果を評価できます。

「マーケットの環境分析」では、市場や製品、顧客の分析手法を知りました。ここから先は、市場での具体的な**戦い方**を知りましょう。シーンに応じて適切なマーケティング手法をとることで、企業の売上アップにつなげます！

■ マスマーケティング

マスマーケティングとは、幅広い対象者に商品を流通させるマーケティング手法です。例えば、テレビや交通広告などのマスメディアを利用する手法があります。その分、競合も類似したビジネスをおこないやすいため、差別化できず**コモディティ化**（一般化）するといわれています。

関連用語 ### ターゲットマーケティング

マス・マーケティングとは反対に、市場から年齢や性別等でターゲットを特定して（絞り込んで）アプローチすることを**ターゲットマーケティング**といいます。

例えば、ファッションやコスメのブランドは「10代女性」「30代男性」など、特定のセグメントをターゲットとすることが多いです。

関連用語 ### 1to1 マーケティング

1to1マーケティング（ワントゥーワン）とは、顧客一人ひとりに合わせたマーケティングをおこなうことです。顧客の過去の購買行動から傾向を導き、製品やサービスを

提案する**レコメンド**もこれに該当します。

例えば、YouTubeやTwitterの広告も、著者とみなさんに表示される内容が異なります。一人ひとりの趣向や行動傾向をもとに、マーケティングがおこなわれているからです。

主にWebマーケティング（P.61）の領域では、1to1マーケティングが活用されます。

■ プロダクト・ライフサイクル理論（PLC理論）

プロダクト・ライフサイクル理論とは、プロダクト（製品やサービス）が世に出てから流行し、衰退していくまでのプロセスを示します。

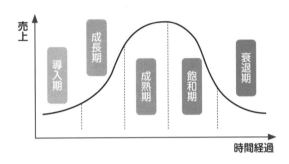

- □**導入期**：市場に新たな製品やサービスを投入した段階。認知度も購入者も少なく、売上に結び付かないため、まず認知を拡大する必要がある。
- □**成長期**：製品やサービスの認知度が高まり、一気に市場に広まっていく段階。顧客のニーズを満たせると、売上もさらに増える傾向がある。
- □**成熟期**：市場で製品やサービスが広まり、競合他社も参入してくる段階。競合差別化やブランディングを強化し、勝ち残り戦略を立てる必要がある。
- □**飽和期**：市場の伸びしろが減り、リピーターの割合が増加する段階。製品やサービスの改良など、顧客満足度を上げることで対策する。
- □**衰退期**：製品やサービスの需要自体が減り、売上も利益も縮小する段階。競合も減るとともに、売上を立てることも難しくなる。

例えば、現代で「洗濯板」を使って衣類を洗う人はほぼ見られないように、製品やサービスは、登場しては時代とともに衰退します。

関連用語

キャズム理論

キャズム（chasm）とは、直訳すると「溝」という意味です。製品やサービスを世の中に普及させる際に発生する"超えるべき障害"という意味で、キャズムを超えられずにビジネスが失敗してしまう例が少なくないことを示した言葉です。

初期市場のあと、キャズムを超えられると、メインストリーム市場に参入できます。次のような図を**イノベータ理論**ということもあります。

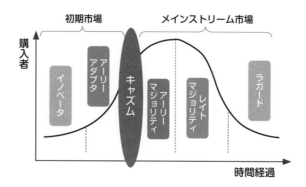

初期市場	イノベータ	情報感度が高く、新しい製品やサービスに積極的な顧客層。新しいものに価値を感じやすい。
	アーリーアダプタ	世間のトレンドに敏感で、流行りそうなものを採用するため、インフルエンサーになりやすい顧客層。
メインストリーム市場	アーリーマジョリティ	アーリーアダプタの意見に大きく影響を受ける顧客層。
	レイトマジョリティ	安心して製品を購入したいため、製品やサービスが世の中に浸透してから購入する顧客層。
	ラガード	最も保守的で、世の中の動きに関心が薄く、流行が一般化してから購入する顧客層。

世の中にスマートフォンが登場したときも、すぐに生活に取り入れる人もいれば、周りの人が使い始めて時間が経過してから購入を決めた人もいました。どんなに良いプロダクトでも、世の中全体に浸透するには時間がかかりますね…！

CRM（Customer Relationship Management：顧客関係管理）

CRMとは、顧客満足度を向上させることで、顧客の製品やサービスへの関係性を高めて、売上拡大につなげるマーケティング手法です。

ビジネスでは、新規顧客に購入してもらうことよりも、一度でも製品やサービスを利用したことのある顧客のほうが消費行動を起こしやすいという考え方から、顧客満足度を上げることで、さらなる購買行動につなげることができます。

□**アップセル**：製品を検討している顧客や、以前に製品を購入した顧客に対し、より高額な上位モデルに乗り換えてもらうマーケティング手法。

（例）Amazonの通常会員からAmazonプライムの有料会員になってもらうこと

□**クロスセル**：製品の購入を検討している顧客に対し、別の製品もセットで購入してもらうマーケティング手法。

（例）Amazonで「コーヒーマシン」を買った人に、セットで「コーヒー豆」や「マグカップ」などの関連商品を同時にオススメ表示すること

どちらも顧客単価を向上させて売上を上げる手法ですね！

■ プッシュ戦略／プル戦略

顧客に製品やサービスを訴求する手法について学びましょう。

□**プッシュ戦略**：企業から顧客へ、積極的にアプローチして働きかけるマーケティング行動です（例：電話やメールなど）。企業側から情報を「押し出す」というイメージから、PUSHという表現が利用されます。

□**プル戦略**：顧客から能動的に、製品やサービス、企業情報を知ることで購入につなげるマーケティング行動です（例：WebサイトやSNSなど）。顧客自身が情報を「引き出す」というイメージから、PULLという表現が利用されます。

> プル戦略で顧客の行動を能動的に起こすには、広告行動（テレビCMやSNS広告など）による認知施策により、広く顧客に働きかけます。

■ ロングテール

ロングテールとは、販売機会の少ない製品やサービスでも製品数を幅広く揃えることで、顧客総数を増やし、売上全体を大きくする考え方です。とくに、オンライン上の製品販売サイトであるECサイト（3日目P.95）での販売は、この考え方のもと、売上を上げているケースが多いです。

　例えば、家具を取り扱うECサイトでは、売り場面積を気にせずに商品を取り扱えます。一方で、街の家具屋さんは、売り場面積の制約があるため、確実に売れる家具を厳選して取り扱う必要があり、欲しがる人が少ない商品は配置できません。ロングテールとは、販売のプラットフォームをオフライン（実店舗）からオンライン（インターネット）に移すことで、販売機会を大きく広げることを説明するために、よく使われる言葉です。

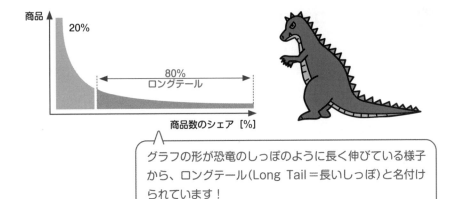

グラフの形が恐竜のしっぽのように長く伸びている様子から、ロングテール(Long Tail＝長いしっぽ)と名付けられています！

　ここまでは、定性・定量の両面からマーケティングを学習しました。

　ここからは、インターネットの世界に特化した"**Webマーケティング**"について学習しましょう！

Web広告とは

　みなさんは「広告」と聞いたらどんなモノを想像しますか？　テレビCMや、電車・バスに掲載されている交通広告、電柱に掲げられた広告など、さまざまな種類があります。

　これら「広告」は、世の中に自社の製品やサービスを知ってもらうために、広告予算を使い、知ってもらった人の中から、さらに購買意欲を引き出すことで、製品やサービスの購入につなげることができます。

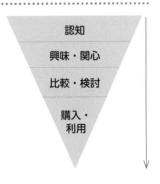

　広告の中でも**Web広告**は、Google検索時に関連キーワードと連動してWebサイトを表示できる**リスティング広告**や、Instagramに表示される広告、YouTube動画の再生前に流れる広告などが該当します。

　これらのWeb広告に共通することは、オンライン上に広告を表示できるため、顧客をそのままWebサイトに誘導し、購入や申し込みにつなげることができる点です。テレビCMや交通広告、電柱の広告は、「スマホを開く→検索する」という動作が必要なため、商品サイトへの誘導は難しくなります。

■ ページビュー（Page View：PV）

　ページビューとは、ユーザがWebページを表示した回数のことです。同じ人が同じページを再度表示した場合でも、PV数はカウントされます。日本語で「閲覧数」というと分かりやすいですね！

■ コンバージョンレート（Conversion Rate：転換率）

　コンバージョンレートとは、Webサイトの訪問者数のうち、"（Webサイトが目指す）成果"に結び付いた訪問の割合のことをいいます。日本語で「成果に転換する割合」と意味付けると覚えやすいですね◎

事業例	コンバージョン例
ECサイト （Amazon、ZOZOタウン など）	商品のオンライン購入
比較・紹介サイト （ホットペッパービューティ など）	インターネット予約・申し込み
人材・採用サイト （リクナビ、マイナビ など）	企業へのエントリー（応募）

　Webマーケティングでは、「何人が広告を見て」「Webサイトを訪問して」「購入につながったか」を追う（トレースする）ことができるため、広告にかけた金額に対する効果を比較・評価できます。また、自社の製品やサービスは、InstagramとYouTubeのどちらに多く広告費をかけるべきかを判断するとき等に、**CPA**や**ROAS**の指標が役に立ちます。

■ ROI（Return On Investment：投資対効果）

　ROIとは、事業に投資した費用により、いくらの利益（効果）が得られたかを表す指標です。広告や機能開発などにより、顧客に製品やサービスを使ってもらうために、はじめにお金をかけ（投資）、どのくらい売上効果があるのか、あらかじめ見立てることで、投資の優先順位を決めることができます。
　とくに、次に紹介する**CPA**と**ROAS**は、ROIを測る上で重要な指標となるため、セットで覚えましょう。

CPA (Cost Per Action)

CPAとは、1件のコンバージョンを獲得するのにかかった広告費（成果単価）のことです。

例えば、ある製品Aの広告費に100万円をかけて、その製品が20個売れた場合、CPAは100万円÷20個＝5万円と評価できます。

つまり、この製品Aを1つ売るために、5万円の広告費がかかったということです。もし製品Aの利益が5万円以上であれば黒字である、といえますね！

ROAS (Return On Advertising Spend)

ROASとは、広告経由で発生した売上を広告費で割った数値のことで、広告の費用対効果を表します。売上高÷広告費×100［%］で算出できます。「投資した広告費の回収率」という意味になります。

例えば、ある製品Aの広告費に100万円をかけて、その製品が広告経由で200万円売り上げた場合、ROASは(200万円÷100万円)×100＝200%と評価できます。

つまり、100万円の広告費に対し、200%の売上を獲得したことになります。

SEO (Search Engine Optimization:検索エンジン最適化)

広告の話ばかりしてきましたが、**お金を使わずに集客するテクニック**も知っておきましょう。

SEOとは、検索順位を上位に表示させるために、検索エンジン（GoogleやYahoo! JAPANなど）に適正にページ評価をさせるよう、技術的な対策をおこなうことです。

例えば、GoogleやYahoo! JAPANなどの検索エンジンでキーワード検索がされた場合に、より上位に表示されることで、広告を打たなくても多くの顧客に自社の製品やサービスを認知してもらえます。

2 ルールを守ってビジネスしよう

ここからは法律分野になります。「ITなのに法律分野も勉強するの？」と思うかもしれませんが、法律はITをビジネスで活用するための必須知識です。
新しいビジネスアイデアを見つけたときに知っておきたい著作権のお話や、次に学ぶ分野の「マネジメント系」に関連する労働基準法など、「自分を守る」という観点でも知っておきたい分野のお話です◎

キーワード　#ストラテジ系　#法律　#手段は選ぼう

▶ YouTube

2-1 知的財産権

POINT！

・著作権は、著作物が保護され、申請は不要です。
・産業財産権は、技術やデザインなどが保護され、申請が必要です。

　知的財産権とは、人間の知的活動によって生み出されたアイデアや創作物には財産的な価値がある、として法律で保護される権利のことです。**著作権**と**産業財産権**に大別されます。

■ 著作権

　著作権とは、創作者と創作物の価値が守られる権利です。著作権は創作した時点ですでに発生しており、何かを申請する必要はありません。万が一、他人の創作物を勝手に複製・利用すると、創作者の告訴によって処罰されます。

一方で特許取得や商標登録をおこなう場合は申請が必要です（産業財産権：次項目）。

● 著作権の対象範囲

著作権で守られるもの：創作品（本、音楽、写真など）、取扱説明書、ソフトウェア、プログラム、データベース　など

著作権で保護されないもの：プログラム言語、アルゴリズム、プロトコルなど

関連用語
違法ダウンロード

違法に公開された映像や音楽をアップロード・閲覧・ダウンロードする行為は、刑事罰の対象となります。

関連用語
教育機関での例外

学校などの教育機関で、先生や生徒が授業の一貫で創作物を複製することは、**例外**として認められます。ただし、一人ひとりが購入することを前提としたドリルやワークブックにおいては、この規定は適用されません。

■ 産業財産権

産業財産権とは、特許庁が管理する権利で、著作権との違いは特許庁への申請が必要であることです。産業の発展を目的とする権利として、次の4種類が該当します。

特許権
自然法則を利用した技術創作により新しい発明を保護
例：リチウムイオン電池

実用新案権
物品の形状、構造、組合せの考案を保護
例：ベルトに取り付けられるスマートフォンカバーの形状

意匠権
独創的で美感を有する物品の形状、模様、色彩などのデザインを保護
例：スマートフォンの背面に施されるデザイン

商標権
製品やサービスに使用する文字や図形を保護
例：自社製品のみに施されるロゴマーク

関連
用語

不正競争防止法

不正競争防止法とは、企業間で過度な競争がおこなわれないよう、<u>公正な企業活動を保護する法律</u>です。

不正競争防止法で禁止されている行為は、他社に酷似した製品の販売、デザインの模倣（意匠権の侵害）、製品の産地や品質・製造法を誤認させるような表示、営業秘密を盗み悪用すること、などが該当します。

なお、「営業秘密」として認められるには、次の３つの要件をすべて満たさなければなりません。

□**秘密管理性**：秘密として管理されていること
□**有用性**　　：企業活動に有用な技術や情報であること
□**非公知性**　：世の中に知られていないこと

どれか１つでも欠けると、営業秘密の要件を満たせず、不正競争防止法による保護を受けられないので注意が必要です。

関連
用語

標準化

標準化とは、製品の形状や大きさなどの「規格」を統一することです。製品の形状の標準をつくる（または標準に合わせる）ことを「**標準**」といい、それを文書化したものが「**規格**」といいます。

● 標準化の例

JANコード	QRコード	ブルーレイディスク
1 234567 890123		

例えば、iPhoneとAndroidのスマートフォンで比べてみましょう。
それぞれの充電端末が異なるため、iPhoneユーザはAndroidユーザ
の充電端末を借りることはできません。一方、QRコードは**標準化**され
ているため、iPhoneユーザもAndroidユーザも、同じQRコードか
らURLを開くことが可能ですね！

2
日目

2

ルールを守ってビジネスしよう

| 関連 |
| 用語 |

フォーラム標準

フォーラム標準とは、企業が集まってフォーラムを結成し、フォーラム内で
合意して作成された標準のことです。技術が複雑化し、技術開発速度が速まっ
ている現代では、1つの製品の技術を1社で開発することは困難であり、市
場に拡大するのかの見極めが難しいため、「フォーラム標準」の考え方が浸
透しています。
例えば、DVD規格、MPEG規格(動画ファイルの拡張子)などはフォーラム
標準により決定しています。

▶YouTube

2-2 個人情報を守る法律

> **POINT！**
>
> ・1件でも個人情報を扱(あつか)う企業は、個人情報取扱事業者となります。
> ・コンピュータウイルスの作成や迷惑メールの送信なども法律で禁止されています。

　個人情報保護法(こじんじょうほうほごほう)とは、個人の権利・利益を保護し、個人情報の不適切な取り扱いをさせない法律です。

　YouTube(Google)やTwitterなど、個人単位で「アカウント」を登録させるビジネスモデルでは、「個人情報」をとくに慎重に取り扱う必要があります。ここでは、個人情報の重要性と取り扱いのルールについて学びましょう！

■ 個人情報

　個人情報には、氏名、住所、電話番号、所属組織、個人が識別できる音声や映像などが該当します。

■ マイナンバー

　マイナンバーとは、日本に住民権がある人(外国人も含む)に割り当てられる12桁の番号です。納税する、社会福祉サービスを受ける等、対象個人を識別するために行政機関の管理をスムーズにすることを目的とします。同姓同名のケースも考慮不要になるなど、行政機関の作業が効率化されます。

個人情報取扱事業者

個人情報を１件でも取り扱う企業は、**個人情報取扱事業者**に該当します。BtoC企業は、ほぼ該当します。

JIS Q 15001「個人情報保護マネジメントシステム要求事項」を満たし、個人情報を適切に取り扱っていると評価される事業者は、**プライバシーマーク**を取得できます。

なお、このマークを取得しなくても、企業が個人情報を取り扱うことは可能ですが、マークを使用することで、外部に対し、個人情報の適切な取り扱いをアピールできるというメリットがあります。

10123456(01)

画像提供：一般財団法人日本情報経済社会推進協会（JIPDEC）

個人情報の第三者提供

企業が保有する個人情報を、自社以外に提供することを「個人情報の**第三者提供**」といいます。第三者提供は、原則、**本人の同意**がない限りできません。

例えば、ある洋服屋さんの会員登録でメールアドレスを登録しても、その情報を利用して、隣の店の靴屋さんが許諾なしに連絡をとることは法律で禁止されています。

不正アクセス禁止法

不正アクセス禁止法とは、アクセス権限のないコンピュータネットワークに侵入したり、不正にパスワードを取得したりすること等を禁止する法律です。

次の行為は、不正アクセス禁止法の罰則対象です。

・他人のIDやパスワードを無断で使用する**なりすまし**行為
・他人のIDやパスワードを**第三者に無断で提供**する行為
・セキュリティホール（プログラムの不具合や設計ミスなど）を突いて、**他人のコンピュータに不正侵入**する行為

関連
用語
ウイルス作成罪

ウイルス作成罪(不正指令電磁的記録に関する罪)とは、コンピュータウイルスの作成、提供、供用、取得、保管行為をおこなうことを罰する法律です。
コンピュータウイルスに感染すると、パソコンの中に保存してある個人情報や重要なデータが流出してしまったり、パソコンが壊れてしまったりする恐れがあります(6日目P.193)。

関連
用語
特定電子メール法

特定電子メール法は、インターネット環境を良好に保つため、迷惑メール、チェーンメールなどを規制する法律です。企業からの販売促進を伴う広告メールは、顧客の許諾なしに配信することが禁止されています。

右図のように、企業が顧客からメールアドレスを伴う個人情報を得るとき、「販促メールを送ってよいか」の許諾を得ることを**オプトイン**といいます。反対に、企業から販促メールが送られてこないよう、メール配信の解除をおこなうことを**オプトアウト**といいます。

■ プロバイダ責任制限法

プロバイダ責任制限法とは、インターネット上で名誉毀損や著作権侵害などの問題が生じた際、**プロバイダ**やサイト管理者に法的責任を問うことができる法律です。
　インターネット上で誹謗中傷を受けた際、相手個人を特定するために、プロバイダに問い合わせ、IPアドレスの開示や、氏名・住所・電子メールアドレスの調査をおこなうことができます。開示拒否の場合は、裁判所に開示請求を出すことができます(「プロバイダ」詳細:5日目P.169)。

2-3 労働基準法

POINT!

・労働者と企業の契約関係と、業務指示関係の違いを押さえましょう。

・働き方改革により、フレックスタイム制やテレワークなど、さまざまな働き方が導入されています。

労働基準法とは、労働条件における最低基準を定めた法律です。

労働条件とは、最低賃金、残業代、労働時間、休暇など、企業に勤める社員を取り巻く環境のことです。

■ 雇用契約の基本形

雇用契約の基本形は、企業が労働者に対し、雇用・業務指示をおこなうことです。ここでいう「雇用」とは、業務を与えること、給料を支払うこと、福利厚生などが該当します。

雇用契約の基本形

企業

・雇用
・業務指示

労働者
企業の正社員、契約社員、アルバイトなど

関連用語

公益通報者保護法

公益通報者保護法とは、労働者が労務を提供する事業所(企業)の犯罪行為の事実を通報したことをきっかけに、労働者が事業所から不当な扱いを受けることを防止する目的の法律です。

労働者が犯罪行為を通報しても企業から不当な扱いをされないように守る法律

■ 労働者派遣契約

　労働者派遣契約とは、派遣会社と派遣先企業の間で交わす契約です。労働者は派遣会社に雇用され、業務指示は派遣先企業から受けます。

　派遣会社と労働者の「雇用」における形式は変わりません。労働者において変わる点は、業務指示は派遣される企業から受ける点です。

　実際に仕事をする現場も、労働者にとっての自社（派遣会社）ではなく、派遣先企業となることがほとんどです。労働者は派遣の任期（契約期間）が終了すると、また別の派遣先企業で働くこととなります。

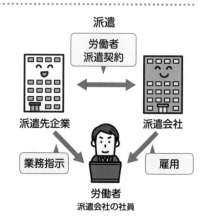

派遣

労働者派遣契約

派遣先企業　　　派遣会社

業務指示　　　雇用

労働者
派遣会社の社員

■ 請負契約

　請負契約の場合、請負会社と労働者の雇用・業務指示における形式は変わりません。契約は、企業間において締結されるため、労働者と企業は直接の接点をもちません。

　よくあるケースは、企業がエンジニア組織を自社でもたない場合、システム開発だけを請負会社に外注します。請負会社はエンジニア組織を保有・管理し、案件に柔軟に対応します。

　労働者は同一企業に勤めながら、さまざまな企業の案件を経験します。

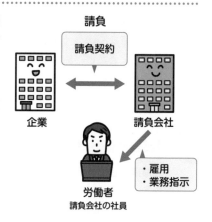

請負

請負契約

企業　　　請負会社

・雇用
・業務指示

労働者
請負会社の社員

■ フレックスタイム制

　フレックスタイム制とは、労働者が業務開始時間と終了時間を決められる制度です。例えば、「1日8時間の労働＋1時間の休憩」が定められているフレックスタイム制の企業の場合、10時～19時で働いても8時～17時で働いても勤務とみ

なされます。このうち、1日のうちで必ず就業しなければならない時間帯を**コアタイム**といいます。

　(例)17時～18時の間は進捗報告会議があるためコアタイムに設定する、など。

関連用語

テレワーク

テレワークとは、「tele」(離れた所)と「work」(働く)を合わせた造語です。
自宅や社外にいながら、働く場所に関わらず遠隔勤務を実現します。
テレワークであっても、労働時間の制約は守りましょう！

関連用語

働き方改革

働き方改革とは、働く人が個々の事情に応じた多様で柔軟な働き方を、自分で選択できるようにするための改革です。
少子高齢化に伴う生産年齢人口の減少から、従業員1人あたりの生産性を向上させ、従業員満足度の向上を図る狙いです。

「法の不知はこれを許さず」という言葉を知っていますか？
刑法38条では、「法律を知らなかったとしても、そのことによって、罪を犯す意思がなかったとすることはできない。ただし、情状により、その刑を減軽することができる。」とされています。
自分の「うっかり」によって身を滅ぼさないよう、基本的な法律はここで押さえましょう◎

今日の講義もおつかれさまでした！
それでは、明日のすきま教室でお会いしましょう🖐

memo

3日目

1 会社のお財布事情を見てみよう

この章では、会社のお金のやりくりを知ることができる「会計知識」について学びます。ここでいう「会計」とは、会社のお財布事情が分かる情報のことです。みなさんもどこかで聞いたことのある「P/L」や「B/S」を知ることで、決算書が読めるようになります◎
ビジネスパーソンであれば、エンジニアも、そうでない人も、必須知識となりますね！

キーワード　　#ストラテジ系　　#企業の成績通知表　　#粉飾決算ダメゼッタイ！

▶YouTube

1-1 企業会計とは

POINT!

・会計とは、管理会計と財務会計に大別できます。
・管理会計では、自社内で分かるお金の情報を整理します。
・財務会計では、社外向けに決められた書式で情報を整理します。

　まずは、「会計」で学ぶことの全体像を把握しましょう。
　企業会計は、社内で利用する会計情報である「**管理会計**」と、社外に向けて情報公開をする「**財務会計**」に分けられます。（▶次ページ）

		違い	活用例
企業会計	管理会計	社内向け 分析、計画立案、 経営判断	損益分岐点売上高 損益分岐点分析
	財務会計	社外向け （銀行・株主） 全国共通フォーマット 外部開示が目的	貸借対照表（B/S） 損益計算書（P/L） キャッシュフロー 計算書

3
日目

1 会社のお財布事情を見てみよう

■ 管理会計

　管理会計とは、自社の経営を分析したり今後の事業方針を決めたりするためにおこなう**社内向け**の会計です。

　企業は、年度のはじめ（期初※1）に「何にいくら使って、どのくらい売上を上げるのか」といった年間の**事業計画**を立てます。例えば、広告には1,000万円を使い、新しい機能開発には2,500万円を投資して、5,000万円を売り上げたら1,500万円が利益だ！…といった具合です。

　この計画に基づいて企業は経済活動をおこないますが、「何にいくら使って、どのくらい売上を上げるのか」という情報がないと、投資すべき部署への予算が足りずに機会損失を起こしたり、最悪の場合には経営破たんを起こしかねないため、計画は**綿密に**、**正確に**立てなければいけません。

　その正確性の担保のためには、**社内独自で分析しやすいフォーマット**を利用したりレポートに利用したりすることは問題ありません。

　そのため、管理会計は、分析、計画立案、経営判断を目的として企業内部で利用されます。自社がいくら売り上げると利益が出るのかを算出するときに利用される**損益分岐点売上高**は、管理会計に分類されます。

管理会計は自社内の関係者で利用されます！

> **期初**※1
> 日本の義務教育（小・中学校）が毎年4月に新学期が始まるように、企業にも1年に一度の期の区切りがあります。期が始まったばかりの期間を「期初」といいます。

■ 財務会計

　財務会計とは、自社の経営状態を**外部の関係者**（株主、銀行、投資家など）に報告するための会計情報です。ここでいう外部の関係者や、社内の決裁権がある関係者のことを**ステークホルダ**（stakeholder：利害関係者）といいます。

　ステークホルダは、財務会計をもとに企業の経営状態を把握し、企業との関係性を継続するかどうかの判断をおこないます。

　企業は、期初に立てた計画に対し、結果（実績）はどうだったのか、期末に**決算**をおこないます。決算では、企業が「何にいくら使って、どのくらい売り上げ、いくら税金を支払ったか」などの情報を**財務諸表**として公開します。（「決算書」は一般名称で、金融商品取引法では財務諸表といいます）

　ステークホルダはたくさんの企業の会計報告を受けることになるため、企業は財務諸表を決められたフォーマットに乗せて、会計資料をつくります。

　みなさんも、どこかで聞いたことのある**貸借対照表**（B/S）、**損益計算書**（P/L）、**キャッシュフロー計算書**などが財務諸表に該当し、企業の健康診断書として活用されます。

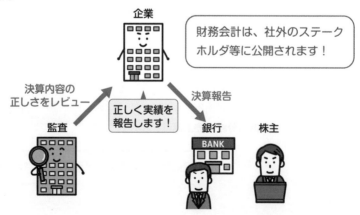

企業

財務会計は、社外のステークホルダ等に公開されます！

決算内容の正しさをレビュー

正しく実績を報告します！

決算報告

監査

銀行

株主

BANK

関連
用語

会計監査

会計監査とは、財務諸表の記載内容をレビューし、その結果を表明すること
です。

会計監査をおこなう**会計監査人**は、企業にもステークホルダにも、どちらに
も利害関係のない**独立した第三者組織**となります。また、会計監査の業務は、
公認会計士の資格をもった人がおこないます。

会計監査によって正しさが表明された財務諸表は、株主や銀行などのステー
クホルダへ、正しい情報として公開されます。

このとき、決算情報を企業が独自につくったもので会計監査に提出してしま
うと、会計監査人の仕事量はとんでもなく増え、業務効率も悪くなってしま
いますね。

効率的で適正な会計監査をおこなうことも、決められたルールのもとに財務
諸表が作成される大きな理由です。

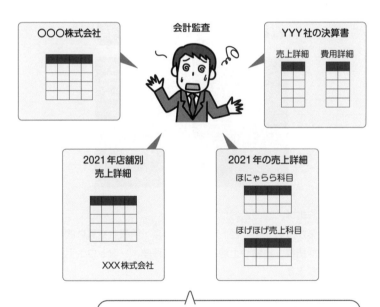

たくさんの企業から独自の資料を次々に提出され
ると、会計監査だけではなく、外部の関係者も確
認が大変です…！

▶YouTube

1-2 貸借対照表

POINT！

・貸借対照表では、資産と「負債＋純資産」を一致させましょう。

・どこからお金を集めて、何に使ったかを知ることができます。

・自己資本比率により、経営の安定具合を把握できます。

貸借対照表とは、どこからお金を集めて、何に使ったのかを確認できる財務諸表です。企業の期末時点の財務状態を示します。

このとき、「資産」と「負債＋純資産」は同額となります。

左右のブロックの値を釣り合わせる（＝バランスさせる）ことから、「バランスシート（Balance Sheet：**B/S**）」といわれています。

（1年間の）　資産　＝　負債　＋　純資産

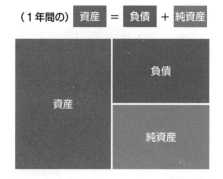

貸借対照表の詳細は、次のとおりです。

資産とは、企業が所有する「ヒト・モノ・カネ・情報」を具体的に金額換算したものです。現金や債権、建物や土地などの固定資産、ソフトウェア、減価償却などが資産に分類されます。

負債とは、銀行などからの借入金で、返済が必要なお金です。「いずれは返す必要がある」「借りたものは返す」ことから負債と表現されています。

純資産とは、事業によって得た利益や、株主が企業に出資したお金など、返済が不要なお金のことです。このうち、株主からの資金には、現金での返済は不要となりますが、代わりに株価や配当によって株主に価値を返すことが求められます。

それでは、お花屋さんを開業するときを例に、簡易的な貸借対照表の内訳を見てみます。

□ **元手(右側の部分)**：銀行から100万円を借りて、株主から100万円の投資を受けると、現金の合計は200万円。（開業したばかりのお花屋さんには、この時点では事業利益による純資産はありません）

□ **資産(左側の部分)**：元手を利用して、店舗設備の購入に150万円を支払うと、現金50万円＋固定費150万円となり、総資産は同じく200万円。

> このように、貸借対照表に情報を整理することで、どんな資金で構成された企業で、資産として何を保有しているのかを確認できますね！

■ 自己資本比率

自己資本比率とは、企業の資産のうち、自社が保持するお金の割合が何%かを示すものです。総資産に対する自己資本の割合なので、次のように求めます。

$$\text{自己資本比率 [\%]} = \frac{\text{自己資本}}{\text{総資産}} \times 100$$

「お花屋さん」の例で見ると、

$$\frac{100万円}{200万円} \times 100 = 50\%$$

であることが分かります。一般に、自己資本比率は、高ければ高いほど、安定した企業であると評価されます。

自己資本比率に関する問題は、貸借対照表をもとに問われることが多いです。

例題　**貸借対照表から求められる、自己資本比率は何%か。**

(平成30年 春期 ITパスポート 問11 [改])

単位　百万円

資産の部		負債の部	
流動資産合計	100	流動負債合計	160
固定資産合計	500	固定負債合計	200
		純資産の部	
		株主資本	240

この問題は、P.81の自己資本比率を求める式に当てはめて考えましょう。

自己資本＝240(百万円) ……「純資産の部」より

総資本＝160＋200＋240＝600(百万円) ……「負債の部」と「純資産の部」の足し合わせ(または「資産の部」より100＋500＝600)

$$\frac{240}{600} \times 100 = 40(\%)$$

答え：40%

単位　百万円

資産の部		負債の部	
流動資産合計	100	流動負債合計	160
固定資産合計	500	固定負債合計	200
資産		**負債**	
		純資産の部	
		株主資本　**純資産**	240

厳密に言えば純資産と株主資本の金額は異なります。ITパスポート試験では、この違いが問題を解く上での支障となることはないので便宜上このように説明しています。

1-3 損益計算書

POINT!

・損益計算書では、費用と利益の足し合わせが「収益(売上高)」として確認できます。

・「売上」と「費用」をさらに分類することで、企業のビジネス構造が見えてきます。

・損益計算書の情報から売上高当期純利益率を求め、経営の安定具合を把握します。

損益計算書とは、企業が成長するために使った**費用**と、企業が年間で生み出した**利益**が分かる財務諸表です。

利益と損失の状態が分かる書類であるため、**P/L**(Profit and Loss statement)ともいいます。とくに株主は、損益計算書から、企業の経営実績を確認し、将来性の品定めをします。

損益計算書では、利益の出ている企業は下図のように収支構造が整理され、**費用**と**利益**の足し合わせが企業全体の**収益**として把握できます。

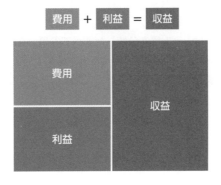

では、この図をさらに細かいメッシュで見てみましょう。

　下図の１つめはP.83で説明した損益計算書をベースに詳細内訳を分類して、下図の２つめは売上高を基準としたときの各利益と費用の内訳を整理したものです。

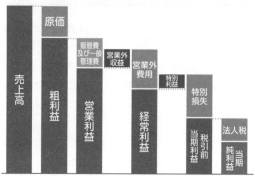

　ITパスポート試験では、P/L図を分解したすべての項目を暗記することよりも、「何が費用で、何が利益か」を見分けられることが重要です。

　上図と右ページの表を照らし合わせながら、意味をしっかりと理解しましょう◎

売上高	**売上高**：商品を売って得たお金。利益も原価も人件費も、すべてここから捻出される。
粗利益 ＝売上高－原価	**粗利益**：売上高から原価を引いた金額。商品によってどの程度稼ぐことができたかを見る利益。売上総利益ともいう。 **原価**：商品をつくるための費用。
営業利益 ＝粗利益－販売費及び一般管理費	**営業利益**：営利活動（本業）によって得た利益。 ここでの「営業」とは「事業を営む」ことを指す。「営業」という言葉を聞くと「セールスマン」などの職種を連想する人もいるが、マーケティング活動や店舗販売での売上など、広義で「営業」と捉える。 **販売費及び一般管理費**（販管費）：商品を販売・管理するための費用。 ここでいう「販売費」とはマーケティング予算（広告宣伝費）などにあてられ、「管理費」とは人件費や家賃・光熱費などにあてられる。
経常利益 ＝営業利益＋営業外収益－営業外費用	**経常利益**：経常的（定常的）な企業活動の結果による利益。本業で得た利益であるため、ステークホルダはこの数値に最も注目する。 **営業外収益**：本業以外の活動で定常的に得た収益。株式の配当金や不動産賃料などが該当。 **営業外費用**：営業活動以外に、定常的に発生する費用。銀行への為替や社債利息の支払いが計上される。 ※営業外利益も含まれる。有価証券利息、不動産賃貸料、雑収入などが該当。
税引前当期利益 ＝法人税等＋当期純利益	**税引前当期利益**：法人税などの税金を支払う前の稼いだ利益。特別な事情（特別損失など）を加味したときの利益を表す。 **法人税等**：税金を支払うための費用。 **当期純利益**：売上高からすべての費用を差し引いた金額。

特別損失：臨時的・偶発的に企業の業務内容とは関係ない部分で発生した損失。固定資産売却や災害損失などが該当。

※特別利益も含まれる。不動産などの固定資産売却益、前期の損益を修正することで発生した前期損益修正益などが該当。

会社のお財布事情を見てみよう

■ 売上高当期純利益率

売上高当期純利益率とは、企業が効率的に利益を上げられているかの指標です。売上高に対して「当期純利益」がどのくらいの割合だったかを知るには、次のように求めます。

$$売上高当期純利益率(\%) = \frac{当期純利益}{売上高} \times 100$$

　売上高当期純利益率は、自己資本比率と同様に、高ければ高いほど経営が安定するといわれています。反対に、売上高当期純利益率が低いと、環境変化によって費用が高騰した際、赤字に倒れやすいとされています。

　売上高当期純利益率に関する問題は、損益計算書から利益や売上を元に問われることが多いです。

例題　下図は、あるメーカの当期損益の見込みの表である。
このとき、次の最終的な数字は、それぞれ何億円になるか。

①営業利益　②経常利益　③売上高当期純利益率

（令和元年 秋期 ITパスポート 問2［改］）

単位　億円

項目	金額
売上高	1,000
売上原価	780
販売費及び一般管理費	130
営業外収益	20
営業外費用	16
特別利益	2
特別損失	1
法人税、住民税及び事業税	50

　P.84で説明した、次の図1を参考に問題を解いていきましょう。

●図1

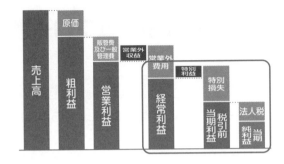

① 「営業利益」を求める

図1から、営業利益は、次のように構成されていることが分かります。

　営業利益＝売上高－原価－販管費

ここに、問題で与えられている費用を当てはめて、答えを求めましょう。

　営業利益＝1,000－780－130＝90［億円］

② 「経常利益」を求める

図1での経常利益は、次のように求められます。営業外費用の中に営業外収益が含まれることが分かりますね。これを式に落とすと、次のように組み立てられます。

　営業利益＋営業外収益＝経常利益＋営業外費用

今回求めたい結果は「経常利益」であるため、経常利益がイコール（＝）になるように、上式を組み替え、答えを求めていきましょう。

　経常利益＝営業利益＋営業外収益－営業外費用

　経常利益＝90＋20－16＝94［億円］

③ 「売上高当期純利益率」を求める

売上高当期純利益率を求める式は、P.86より、次のようになります。

$$売上高当期純利益率（\%）＝\frac{当期純利益}{売上高}×100$$

当期純利益は、図1の囲み部分に注目すると、次式で求められます。

　当期純利益＝経常利益－｛（特別損失－特別利益）＋法人税｝

　　　　　　＝94－｛（1－2）＋50｝＝45

$$売上高当期純利益率＝（\frac{45}{1,000}）×100＝4.5 ［\%］$$

答え：①90　②94　③4.5

▶ YouTube

1-4 キャッシュフロー計算書

> ### **POINT!**
>
> ・キャッシュフロー計算書は、「いま」企業にいくらの現金があるのか
>   を示します。
> ・営業・投資・財務の３つの活動に分類し、お金の流れを把握します。

　キャッシュフロー計算書とは、キャッシュ(cash：現金)と、フロー(flow：流入・流出)を組み合わせた言葉で、企業の現金の増減(収支)を確認できる書類です。**企業にどれくらいの現金があるのかが分かる書類**で、「家計簿」に近いイメージです。キャッシュフロー計算書では、現金の出入りを、次の３つの活動の内容で示されます。

キャッシュフロー計算書
期初から決算までの１年で、現金の流入・流出を計算

	営業	投資	財務
＋ プラス	売上	株式売却	株式発行 銀行融資
－ マイナス	仕入れ 社員の給料	設備投資 M&A	借金返済 配当支払い

区分	説明
営業活動	営業活動とは、企業の本業である事業活動のこと。商品の売上による収入、商品の仕入れ・社員の給料による支出、などが該当する。
投資活動	投資活動とは、企業の将来に期待した活動のこと。工場の新設などの設備投資、固定資産の取得や売却、有価証券の取得や売却、などが挙げられる。
財務活動	財務活動とは、企業の資金調達に関する活動。噛み砕くと、「営業活動」と「投資活動」によって生まれた資金不足を補う活動のこと。例えば、投資活動により資金が不足すると銀行から借り入れる、財務活動によるキャッシュフローでは株式の発行による収入、配当金の支払い、など。

例題 キャッシュフロー計算書において、キャッシュフローの減少要因となるものはどれか。

ア 売掛金の増加   イ 減価償却費の増加
ウ 在庫の減少   エ 短期借入金の増加

(平成28年 秋期 ITパスポート 問11)

ア：売掛金の増加

売掛金とは、商品やサービスを販売して売上が発生しているものの、代金は回収できていない状態のことです。

つまり売掛金が増えることは、期初と比較して現金が外部に流出した、と考えます。したがって、**キャッシュフローの減少要因**となります。

イ：減価償却費の増加

減価償却費とは、固定資産を仕入れたときにかかった費用を、使用年数で割って均（なら）した「費用」として扱うことです。つまり、固定資産を購入した初年度以外は、資金の流出を伴わない費用となります。そのため、**キャッシュフローの増加要因**となります。

ウ：在庫の減少

在庫の減少は、その減少分の在庫が現金化されているため、**キャッシュフローの増加要因**です。

エ：短期借入金の増加

短期借入金を得る（＝お金を借りる）行為は、企業内の現金が多くなることを意味するため、**キャッシュフローの増加要因**です。

答え：ア

キャッシュフロー計算書は、具体的な計算よりも、各科目の内容理解が問われることが多いです。

2 いくら売ったら利益なの？

> ここでは、企業会計のうち「管理会計」（経営判断のための社内向け報告書）を扱います。損益分岐点売上高が分かると、いくら売り上げたら利益が出る水準になるのかが見えてきます。
> ただがむしゃらに働くのではなく、目標値を定めることで、戦略的に経営方針を計画することができますね！

キーワード	#ストラテジ系　　#会計　　#損益分岐点売上高

▶ YouTube

2-1 損益分岐点売上高

POINT!

- ・損益分岐点売上高を求めることで、損失が出ず、利益が出はじめる売上ラインを知ることができます。
- ・計算問題が苦手な方は公式を、得意な方は売上構造を把握することで、問題を解けるようになりましょう。

損益分岐点（そんえきぶんきてん）とは、損失と利益が分岐する点のことです。**損益分岐点売上高**は、損失が出ない、この値より多くなると利益が出る売上高です。

　まずは、損益分岐点売上高を求めるにあたり、どんな数字が登場するかを整理しましょう。

売上：商品を売って得たお金のすべて。

費用：固定費と変動費の足し合わせ。

・**固定費**：光熱費や人件費、家賃、システム月額利用料など、商品が売れる量に関わらず、一定でかかるお金。

・**変動費**：商品の原価やシステム利用量に伴って料金がかかる。従量課金など、商品の売れる数に従ってかかるお金。

利益：売上から費用を引いた金額。

それでは、「損益分岐点売上高」が、どんな数字でつくられているのか、まずは下図を見て理解しましょう。

まず、売上高(実線：──)は販売量に応じて伸びていきます。

一方、費用(点線：……)は、固定費に変動費が積み重なることで伸びていきます。

この2つの線が重なった部分(●の部分)が、売上を上げることで費用を回収できる金額(利益がようやく出る金額)となります。つまり、売上高の推移が損益分岐点を超えるまでは赤字事業ですが、超えてからは黒字です。

式にすると、**損益分岐点売上高**とは、売上高＝固定費＋変動費となる箇所を指します。

費用 ＝ 固定費 ＋ 変動費

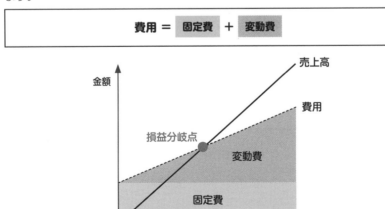

　それでは損益分岐点売上高を実際に求めてみましょう。
　ここでは、①公式による解法と、②数学的解法（暗記不要！）の2パターンを紹介します。数学が得意な方、暗記が得意な方、自分の得意分野に合わせて問題の解き方を把握していきましょう！

> **例題**　あなたはお花屋さんを経営することになりました。お店の家賃などの固定費は毎月30万円、お花の原価は1つ150円です。
> お花の販売価格が一律300円であったとき、このお店の損益分岐点売上高はいくらでしょうか？

　まずは問題を解くために必要な数値を整理してみましょう。
　　変動費（お花の原価）＝150円
　　固定費（お店の家賃など）＝30万円
　　お花の販売価格＝300円

　今回は、2つの解法（①・②）で答えを求めていきます。

①公式による解法

　損益分岐点売上高を求めるための公式は、次のとおりです。
　暗記が得意な人や、数学的な解法では不安な人は、公式に当てはめて計算してみましょう。

$$損益分岐点売上高 = \frac{固定費}{1-変動費率}$$

$$変動費率 = \frac{変動費}{売上高} \times 100$$

$$変動費率 = \frac{150円}{300円} \times 100 = 50\%$$

$$損益分岐点売上高 = \frac{30万円}{100\%-50\%} = \frac{30万円}{1-0.5} = 60万円$$

答え：60万円

②**数学的解法（暗記不要！）**

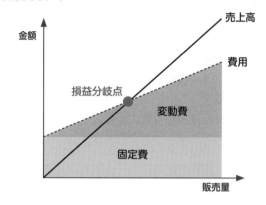

まず、この店の**売上高**（実線：——部分）は、次式で表せます。

$y = 300x$（y＝売上、x＝販売数）……①

続いて、**費用**（点線：……部分）は、次式で推移します。

$y = 150x + 30$万円（y＝費用［全額］、x＝販売数）……②

このうち、$150x$は変動費を示し、30万円は固定費を表します。

今回は、売上高＝費用となる点を求めたいため、次のように式を整理します。

→ ①＝②

$300x = 150x + 30$万円

$150x = 30$万円

$x = \dfrac{30万円}{150} = 2,000$個（$x$＝販売数、上記①②の定義より）

そのため、式①に当てはめると、

売上＝300円×2,000個＝60万円

答え：60万円

3 ITとビジネス

> スマートフォンを利用した買い物、SNSの利用、コンビニエンスストアでのキャッシュレス決済など、ITはみなさんの生活にすっかり浸透していますよね
> これらのサービスや仕組みの背景には優れた技術が存在します。ここではこれら技術のラインナップを学びます。

キーワード　#ITリテラシ　#技術を知ることはビジネスの選択肢を増やすこと

▶ YouTube

3-1 個人の消費活動

POINT!

・ITの知識・能力を活用する人を「ITリテラシが高い人」といいます。
・フィンテックや暗号資産をはじめ、キャッシュレス社会にもITは不可欠です。

　ここではITが、個人と企業を結び付ける技術の基礎であることを学習します。ITがビジネスに必要不可欠である理由を知ると、「エンジニアが足りない！」という現状にも納得ですね…！

■ ITリテラシ

　ITリテラシとは、**IT**（Information Technology：情報技術）と、知識があることを意味する**Literacy**を組み合わせた言葉です。ITリテラシが高い人は、スマートフォンやSNS、インターネットサービスを活用することで、これらを活用でき

ない人よりも効率よく情報を仕入れ、仕事や学業に生産性高く取り組むことができます。

> ITパスポート試験の合格に向けた学習も、ITリテラシの向上に役立ちますね！

関連用語

ディジタルディバイド

ディジタルディバイドとは、インターネットやパソコンなどのITリテラシの高い人と低い人の間に生じる**格差**のことです。ディバイド（divide）とは、英語で「分割する」「分ける」という意味です。
ITを使いこなせる人とそうでない人の間に、貧富の差、機会損失、社会的地位などの格差が生じることを指します。

CGM (Consumer Generated Media：消費者によって生成されるメディア)

CGMとは、サービスのユーザが投稿（口コミ）や発信をすることで成り立つメディアのことです。消費者によるリアルな感想や意見を集約することで、見込み客が商品の比較・購入検討に役立てることができます。食べログや、Yahoo!知恵袋、@cosme、SNS（TwitterやFacebookなど）もCGMに分類されます。

CGMが登場する前は、企業からの情報発信が主流で、消費者の口コミを知る機会は、オフラインのリアルなコミュニケーションに限定されていました。ですが、CGMの登場により、**消費者による発信や口コミ情報の入手が容易**になりました。

電子商取引 (EC：Electronic Commerce)

電子商取引とは、インターネット上で商品を売買することです。具体的なサービスの事例としては、Amazonや楽天市場などが有名です。

オンラインビジネスが拡大し、広い地域でより多くの人に向けた商品販売ビジネスを実現できます。日常的には「オンラインショッピング」「ネットショッピング」ということが多く、これらは電子商取引による購買行動を指します。

関連
用語 **ロングテール**

ロングテールとは、販売機会の少ない商品でも商品数を幅広く揃えること
で、顧客総数を増やし、売上全体を大きくする考え方です。

とくに**電子商取引**(**EC**)では、リアルな店舗と異なり、店舗スペースが不要
で、商品の豊富な品揃えを実現できます。そのため、売れ筋商品だけではな
く、販売機会の少ない商品も扱うことができるため、結果的に売上を大きく
上げることができます(2日目P.60)。

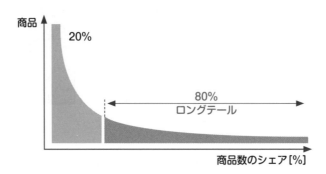

■ ソサエティ 5.0

ソサエティ5.0は、AIやロボットの力を借りて人間がより快適な生活を送るこ
とができる、内閣府が提唱する目指すべき未来社会の姿です。サイバー空間(仮想
空間)とフィジカル空間(現実空間)を高度に融合させ、経済発展と社会課題の解決
の両立を目指します。

Society(ソサエティ)は「社会」の意味で、**5.0**の由来は、

・狩猟社会(Society1.0)
・農耕社会(Society2.0)
・工業社会(Society3.0)
・情報社会(Society4.0)

に続く社会を指すものとして、新たに提唱されました。

　情報社会(Society4.0)では、サイバー空間とフィジカル空間は切り分けられた
ものとして活用された社会を指します。

第4次産業革命

第4次産業とは、第3次産業革命の定義とは異なる、新しいタイプの産業で、**情報通信・医療・教育サービスなどの知識集約産業**を意味します。技術開発を中心とした産業で、これには分類が難しい産業も含まれることから、4回目の「産業革命」として定義されています。

- ・第1次産業：農業・林業・水産業
- ・第2次産業：鉱工業・製造業・建設業や電気ガス業
- ・第3次産業：サービス・通信・小売・金融や保険など（目に見えないサービスを提供する無形財の産業）
- ・第4次産業：情報通信など知識集約産業

暗号資産

暗号資産（仮想通貨）とは、インターネット上でやり取りできる財産価値をもつ電子的データです。

代表的な暗号資産にはビットコインやイーサリウムなどがあり、一部の暗号資産はネットワーク上で電子的な決済手段として流通が始まっています。

また、2019年5月に**金融商品取引法**の改正法が成立し、暗号資産の利用者を保護する目的で、暗号資産が**金融商品**（株式や国債など投資商品）として取引できるようになりました。

 ブロックチェーン

ブロックチェーンとは、暗号資産（仮想通貨）の基盤技術です。

"ブロック"と呼ばれるいくつかの取引データをまとめた単位を、暗号技術を用いて鎖（チェーン）のようにつなぐことで台帳をつくり、ピア・ツー・ピアネットワーク（5日目P.176）で管理する技術です。データが鎖のようにつながっているため、データを改ざんすることはほぼ不可能です。**分散型台帳技術**とも呼ばれます。

■ フィンテック（FinTech）

　金融（Finance）と技術（Technology）を組み合わせた造語で、金融サービスと情報技術を結び付けた革新的な技術です。身近な例では、スマートフォンなどを使った送金もその１つです。モバイル決済や仮想通貨、ロボアドバイザーなどもフィンテックの例です。

関連用語　アカウント・アグリゲーション

アカウント・アグリゲーションとは、複数の金融機関の口座情報を１つに集約し、閲覧できるようにすることです。

みなさんも銀行口座やクレジットカード、電子マネー、ポイントカードなどを複数保有しているケースが多いのではないでしょうか？

これらをWeb上で利用するとき、各金融機関・企業のマイページにアクセスすることで、個別の利用明細を確認できますが、いくつものWebサイトにそれぞれログインし、口座残高や明細情報を確認する作業はとても煩わしいものです。

そこで**アカウント・アグリゲーション**を利用することで、自分の保有する資産全体を把握できます。この技術は、利用者の同意のもと、各金融機関・企業のID・パスワードを借りて、定期的に各金融サービスのWebサイトにログインし、明細情報などの閲覧専用データを取得します。

■ eKYC（electronic Know Your Customer）

　eKYCとは、免許証やマイナンバーカードの画像をもとに、**本人確認**をオンラインでおこなう仕組みです。

　KYCとは、もともと銀行や証券口座などの開設時に求められる本人確認のことを指します。この頭に電子（electronic）の「e」が付いたもので、オンライン上で本人確認を完結させる技術です。

| 表面 | 斜め(厚み) | 裏面 | 顔写真 | まばたき |

撮影位置をランダムで指定し、事前に撮影した画像でないことを確認

まばたき、反射、手振れを検知し、実物であることを確認

メルペイやLINE Payでも本人確認に利用されています！

■ AML・CFT ソリューション

　マネーロンダリングとは、犯罪行為(脱税、粉飾決算、詐欺行為、麻薬取引など)によって得た金銭を、合法的に得た金銭に見せかけ、出どころを分かりにくくする行為です。捜査機関による差押えや摘発を逃れる行為のため、マネーロンダリングは法律で禁止されています。

　AML・CFT ソリューション（Anti-Money　Laundering・Countering　the Financing　of　Terrorism　solution：マネーロンダリング・テロ資金供与対策)とは、マネーロンダリングやテロ資金供与対策のことです。日本国内の金融機関に対して今後想定されるマネーロンダリング規制強化に向けた総合的な対策を実現するソリューションです。

　この技術では、疑わしい取引を検知する**モニタリング**機能や、顧客リストと反社会勢力との照合をおこなう**フィルタリング**機能などによって対策をおこないます。

▶YouTube

3-2 ITパスポート試験の計算のコツ

> **POINT!**
>
> ・ITパスポート試験の計算問題は、「単位」に注目しましょう！
> ・「単位」は、式の「＝」前後で一致します。
> イコール

　ITパスポート試験の計算問題は、**単位**に注目して問題を解くと、驚くほどスムーズに式を組み立てることができます！　ここでは、「会計」や「基数問題」など、特定のテーマに分類されない「計算問題」について触れています。

　まずは、例題です。小学生でも解ける「速さ」の問題を題材とします。

 例題　1,000kmの距離を20時間で走る車の速さは、何km/時か。

　式は、すぐに組み立てられると思いますが、このときに注目するのが「単位」です。単位が式の前後で一致するように組み立てましょう。

$$
\begin{aligned}
&1{,}000\text{km} \div 20\text{時間} \\
=\ &\frac{1{,}000\textbf{km}}{20\textbf{時間}} \\
=\ &50\ \frac{\textbf{km}}{\textbf{時間}}
\end{aligned}
$$

割り算を分数の形に直す

<u>**答え：50km/時**</u>

　もう1問、例題を解いてみましょう。

> **例題** 50km/時の車が3時間走ったときに進む距離は、何kmか。

　こちらは、一見すると単位が式の前後で一致しないように見受けられますが、単位だけの式を切り取ってみると、赤字部分でしっかりと打ち消し合っています。

　この問題では「距離」が問われているので、距離の単位「km」が残るように、与えられた数字を組み替えることで答えを導き出すことができます。

$$50 \ \frac{km}{時間} \times 3時間$$

$$= 50 \ \frac{km}{時間} \times 3時間 \quad \leftarrow 単位を打ち消し合う！$$

$$= 150km$$

答え：150km

　ITパスポート試験の計算問題には、このように特定のテーマに分類されない計算問題が必ず出題されます。実際の過去問を通して見てみましょう。

> **例題** 次の条件で、インターネットに接続されたサーバから50MビットのファイルをPCにダウンロードするときにかかる時間は、何秒か。
>
> ・通信速度：100Mビット/秒
>
> (ITパスポート 平成31年春 問77〔改〕)

　この問題は「何秒かかるか」という問いなので、単位換算をしたときに「秒」が導かれるように式を組み立てましょう。

$$50Mビット \div 100M \ \frac{ビット}{秒}$$

$$= 50Mビット \times \frac{1}{100M} \ \frac{秒}{ビット}$$

$$= 0.5秒$$

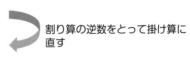

割り算の逆数をとって掛け算に直す

答え：0.5秒

| 関連用語 | **計算問題でよく利用される接頭辞** |

ITの分野では、極端に大きい数字や小さい数字を扱うことがよくあります。このとき、普段私たちが利用する「数字」だけを使って素直に表現すると、「0」の数が極端に多く表示されてしまい、読みづらく、読み違いも発生しやすくなります。

そのため、MやGといった接頭辞を利用して、数字をコンパクトに表記します。

●大きい値と小さい値の接頭辞

大きい値			小さい値		
記号	よみ	数値	記号	よみ	数値
k	キロ	10^3	m	ミリ	10^{-3}
M	メガ	10^6	μ	マイクロ	10^{-6}
G	ギガ	10^9	n	ナノ	10^{-9}
T	テラ	10^{12}	p	ピコ	10^{-12}

（例）

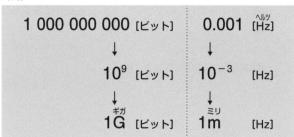

1 000 000 000 [ビット]　0.001 [Hz]
↓　↓
10^9 [ビット]　10^{-3} [Hz]
↓　↓
1G [ビット]　1m [Hz]

接頭辞と単位は、混同しないように注意しましょう！

4日目

1 プロセスの全体像

企業が新規事業を立ち上げるとき、どんなコトを世の中に広げ、どんな機能でユーザに届けるか、ITを駆使することなく企画推進を実現することは困難です。

ここでは「新規事業の立ち上げ」の全体像をつかみ、企業で働く人がどんな仕事をしているのか、見てみましょう！

キーワード	#マネジメント系　#システム開発の流れ　#プロジェクト

▶ YouTube

1-1 新規事業を企画する

POINT!

・ここでは、新規事業である「おでかけグルメ動画」アプリの企画設計から、システム開発のプロセスを学習します。
・新規事業を始めるときは、プロジェクトとして案件を推進します。
・プロジェクトでは、スケジュールと取り組む内容を予め決めて実行します。

　企業内での新規事業の立ち上げやシステム開発の現場では、必ず基礎となる「**4つのプロセス**」を通して業務が推進されています。具体例と一緒に、このプロセスに沿って学習を進めましょう！

■ 4日目で取り組むシステム開発の設定

ビジネスの現場で何が起こっているのかをイメージするため、架空の企業**すきまマーケット社**の新規事業について考えてみましょう。

すきまマーケット社は、これまで20〜30代向けの旅行・グルメ動画の発信により、事業を伸ばしてきました。

この企業の次のターゲットは、10代専用の**お出かけグルメ動画アプリ**をつくり、若年層向けのグルメプラットフォームを活用したマーケティングをすることです。

そのため、すきまマーケット社は、Instagramや TikTokのように、誰でも動画をアップロードしてシェアできるシステムを開発することにしました。この企業で新しく立ち上がった「**プロジェクト**」を元に、システム開発プロセスの様子をのぞいてみましょう。

おでかけグルメ動画アプリの完成イメージ

4
日目

1 プロセスの全体像

関連用語 プロジェクト

プロジェクトとは、1つの目的を達成するために社内や社外のメンバと取り組み、開始から終了までが明確に定義された**業務の1単位**です。

関連用語 プロジェクトマネージャ

プロジェクトの進行・管理をおこなう人です。企業組織の上層部から任命されることが多いです。プロジェクトマネージャは、プロジェクトの**スコープ**、**時間**、**コスト**、**品質**、**調達**、**人的資源**、**コミュニケーション**、**リスク**、**統合管理**の9つのレバーを管理（マネジメント）することが仕事です。
このうち**スコープ**とは、そのプロジェクトで「何をするか」を決定したときの業務範囲のことを指します。

■ プロジェクトの登場人物

ここで、マネジメント分野を学習するときの**登場人物**を紹介します。

すきまマーケット社のアプリ開発

▶サービス提供をする企業「すきまマーケット社」(事業会社)は、ベンダ企業を選定し、お金を支払って、システム開発を依頼します。

▶**ベンダ企業**とは、システム開発やシステム提供をする企業のことです。

▶すきまマーケット社は、新規事業を立ち上げ、顧客にサービスを提供するため、ビジネス要件とシステム要件を設計します。
（主人公は「すきまマーケット社」です！）

▶ベンダ企業は、すきまマーケット社に依頼されたシステム開発を、ベンダ企業で抱えるエンジニアによって、要件どおりにおこないます。

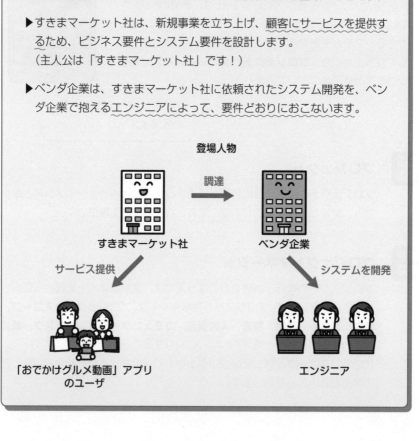

登場人物

すきまマーケット社　→　調達　→　ベンダ企業

サービス提供

システムを開発

「おでかけグルメ動画」アプリ
のユーザ

エンジニア

ソフトウェア・ライフサイクル・プロセス

ソフトウェア・ライフサイクル・プロセス(SLCP：Software Life Cycle Process)とは、ソフトウェアの企画段階から、要件定義、システム開発、保守・運用を経て、システム廃棄に至るまでの**工程全体**のことを指します。

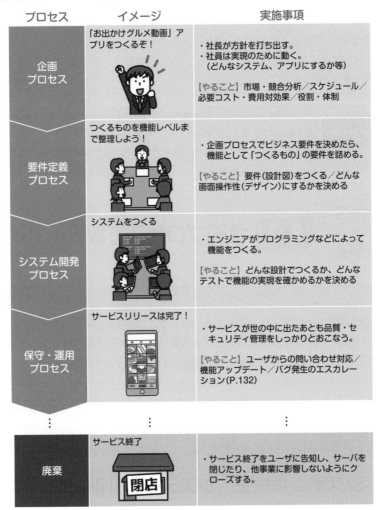

4日目

1 プロセスの全体像

とくに試験では、「どのプロセスでどんな業務がおこなわれているか」を問われることが多いため、これ以降のページで、ソフトウェア開発全体の進め方を1つずつ理解していきましょう！

2　①企画プロセス

企画プロセスとは、経営目標を達成するための必要条件を決め、計画を立てて、実行に移すまでのプロセスです。ビジネスで実現したいことの要件定義は、ここでおこないます。

架空の企業「すきまマーケット社」の事例を交え、具体的に何をするかを知りましょう！

キーワード	#マネジメント系　　#企画フェーズ　　#PMBOK

▶ YouTube

2-1　企画プロセスで取り組むこと

POINT！

- 企画の第一歩として、マーケットニーズの調査・分析、スケジュールや予算、費用対効果などのビジネス要件整理から始まります。
- 「調達」は、取引先の企業（ベンダ企業）を決定する工程です。

企画プロセスでは、どんなサービスをつくりたいかといったビジネス要件を整理・決定します。ここで決定したことをベースに、システムの操作画面やシステム規模、開発体制などが決まっていきます。

■ システム化構想／システム化計画

企画の立案プロセスとして、**システム化構想**と**システム化計画**について学習します。

システム化構想プロセス

説明	市場や競合などの事業環境を分析し、経営上のニーズやシステム化の対象を確認して、方針を立案します。
取り組むこと	目的・課題整理、市場・競合分析
具体例	すきまマーケット社には、若年層（10代）の取り込みができていないことによる中長期的な経営課題があります。そのため、今回の企画の目的は「お出かけグルメ動画」アプリにより、10代の若者と接点をもつことと置きます。 市場にはInstagramやTikTokがありますが、「お出かけグルメ動画」アプリという新サービスは、「グルメ・旅行」の領域に特化することで競合サービスとの**差別化**を図る狙いがあります。

システム化計画プロセス

説明	企画を実現する上で必要となる情報を整理します。企画の全体像を明らかにすることで、企業にとってその企画の有効性や投資効果を明確にします。
取り組むこと	全体スケジュール、開発体制、予算、費用対効果、リスク分析
具体例	すきまマーケット社の新規事業予算は1億円です。この1億円は、長期的な視点で「もっと大きなお金になって返って来てほしい」と期待して投資するため、概算でいくら回収でき、将来的にいくらの利益に成長するかを見立てる必要があります。 まずはプロジェクト成功のための手順を洗い出し、システム開発に必要な体制・期間を整理しましょう。すると、「サービス提供はいつから可能か」「いつごろ予算1億円を回収できて事業黒字となるか」など、**事業リターン**を見据えることができるようになります。

■ PMBOK (Project Management Body of Knowledge)

PMBOK（ピンボック）とは、プロジェクトマネジメントに必要な知識を、実務での事例として紹介しているガイドブックのことです。

QCDの向上（**Q**uality：可能な限り高品質、**C**ost：低コスト、**D**elivery：早い納品）を目標に掲げており、これを達成するためのノウハウが詰まっています。プロジェクトマネジメント協会が定期的に刷新・発行しています。

TCO（Total Cost of Ownership）

TCOとは、システム構築にかかるハードとソフトの導入費から、システムの開発費、運用後の維持費、管理費、人件費まで、システムを稼働させるために必要なコストの総額のことです。最近ではセキュリティ対策やシステムの老朽化に備えるため、運用費が増える傾向にあります。

■ 調達

　調達とは、システム化が決まったサービスを開発する**ベンダ企業の選定**や**契約**をすることです。調達をおこなう工程は、システム発注側で企画設計がある程度固まった段階で必要となります。

　自社で開発組織をもたない限りは、次のプロセスでベンダ企業にシステム開発業務を依頼（＝調達）することになります。

> 事業会社内である程度の企画が固まる

> 資料をください！

| STEP1 | 事業会社は選定対象のベンダ企業に **RFI** を提出する。事業会社はベンダ企業からの資料を元に、ベンダ企業を数社に絞る。 | |

| STEP2 | 絞られたベンダ企業は、事業会社から企画案件の共有を受ける。企画の機密情報が共有されるため、各ベンダ企業と事業会社は **NDA** を締結する。 | |

| STEP3 | 事業会社は、発注候補のベンダ企業への提案依頼書（**RFP**）を作成する。これは、システムに必要な要件や受注条件を示す文書。その後、最適なベンダ企業を選定する。 | |

> 次の「要件定義プロセス」へ進む

RFI（Request for Information：情報提供依頼書）

RFIとは、ベンダ企業への仕事の依頼を検討する**初期段階**で、事業会社がベンダ企業に提出する文書です。

RFIは、ベンダ企業の基本情報、技術情報、製品情報など、事業会社が詳細情報を収集する目的で提出します。

RFP（Request For Proposal：提案依頼書）

システム化を実現してくれそうなベンダ企業をある程度絞ったのち、事業会社は発注候補のベンダ企業に、企画内容やシステムで実現したいことを伝えます。
RFPとは、事業会社がベンダ企業に対し、システムで実現したい要件や、予算・スケジュール等の受注要件を示す文書です。この段階で発注条件を明確にすることで、品質などに影響するトラブルがあった場合の証拠として利用できます。

NDA（Non-Disclosure Agreement：機密保持契約）

NDAとは、「事業の秘密を漏らさない」よう、法的な約束を交わす**契約書**のことです。企業間で提案を受け渡す際、互いに知り得た情報を漏らさないよう、書面によって締結します。

▶YouTube

 工程管理

POINT！

・スケジュールを管理する手法として、WBSやガントチャート、アローダイアグラムなどがあります。

・開発規模の見積もりは「人月」単位で見立てましょう。エンジニアの作業期間を見積もることで、人件費≒必要な開発予算を把握できます。

「いつまでに」「どのように」「何をするか」。プロジェクトマネージャがシステム開発のプロジェクトを推進するための工程管理の手法を学びましょう。

■ スケジュール管理の手法

● ガントチャート

ガントチャートとは、作業計画とその過程を視覚的に確認できる図表のことです。プロジェクトを推進するために、「いつ」「誰が」「何を」作業するかを可視化することで、遅延とその原因を特定しやすくなります。

文字どおりチャートなので、下図の右側部分を主に「ガントチャート」と示します。

● WBS

WBSとは、Work Breakdown Structureの頭文字をとった言葉で、「作業を分解して構造化」した図を意味します。下図の左側の、タスクを分解し、担当者やスケジュール等を明記した箇所を示します。

	担当者	開始日	終了日	1	2	3	4	5	6	7	8	9	10	11
企画の要件定義														
市場調査・分析をおこなう	石井	5/10	6/20	▇	▇									
企画のビジネス要件を定義	鈴木	6/21	7/30			▇	▇							
予算とスケジュールの見立て	鈴木	7/31	8/10					▇						
社長決裁	鈴木	8/11	8/15					▇						
サービスの要件定義														
業務要件を定義	山田	8/20	9/20						▇					
機能要件・非機能要件を定義	山田	9/1	9/20							▇				
システム開発														
開発要件・仕様を決定する	伊藤	9/21	9/30							▇				
画面デザインをつくる	斎藤	10/1	10/20								▇			
テストケースを決定する	伊藤	10/1	10/20								▇			
ソフトウェアの実装														
コーディング・単体テスト	田中	10/21	12/1									▇		
コーディング・結合テスト	山田	11/15	12/31									▇		
テスト	伊藤	1/5	1/20										▇	
本番環境に反映（リリース）	伊藤	1/20	1/23											▇
ユーザサポート体制をつくる														
SLAの策定・FAQページの準備	寺田	11/1	1/20									▇	▇	
ユーザ問い合わせ受付開始	寺田	1/23	1/23											▇

WBSでのタスク　　　　　　　　　　　ガントチャート

> ガントチャートとWBSは、アウトプット形式がほぼ同じであることから、現場ではこの2つの用語を使い分けることは少ないです。ですが、ITパスポート試験では区別して問われることになるため、同時に覚えることで、違いも把握しておきましょう◎

開発工数見積もり

ここでは、システムをつくるために、何人のエンジニアが、どのくらいの期間、稼働するのかの見積もりを出すための計算をおこないます。

エンジニアの稼働期間は、つまるところ「人件費がかかる期間」のことなので、開発期間が長くなるほど、開発に必要な費用も増えていきます。スケジュールと予算を見立てるために**開発工数**を見積もりましょう。

開発工数とは、システム開発作業にかかる手間（時間）のことです。エンジニア1人が1か月稼働する単位を**人月**といいます。

例えば、「お出かけグルメ動画アプリの開発工数は20人月かかります」と言われたら、「エンジニア20人で1か月かけて開発完了する」という見積もりになります。

とはいえ、エンジニアのリソースには限界があり、一度に大人数のエンジニアが稼働できないケースがほとんどであるため、エンジニア4人が5か月稼働したり、エンジニア2人が10か月稼働したりなど、取り組み方法はさまざまです。

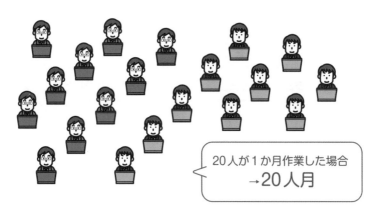

20人が1か月作業した場合
→20人月

また、エンジニアのスキルに応じて開発工数の見積もりも変化します。新人のエンジニアと、ベテランのエンジニアが同時に作業をするとき、当然、作業にかかる時間はベテランエンジニアが対応した方が早く完了します。

だったらベテランに頼んだ方がいいのでは？　と思いますが、ベテランエンジニアのほうが月あたりの報酬が高くつくため、時間とお金のバランスを見立てるのもプロジェクトマネージャの仕事です。

> **例題**　開発工数が35人月規模のプロジェクトに、ベテランエンジニア
> が4人、新人エンジニアが5人アサインされた。新人エンジニア
> は、ベテランエンジニアが1人月かかる仕事を、60%の進捗で
> 作業する。このときの開発期間は何か月か。

　1か月あたりの作業可能な工数は、ベテランエンジニア4人に加え、新人エンジニアが5人。このうち、新人エンジニアはベテランエンジニアの60%の作業効率となることを考慮します。すると、1か月全体の工数は、次式で求められます。

　　4 + 5 × 0.6 = 7 [人/月]

　35人月規模の開発を、1か月あたり7人で取り組むため、次式で計算できます。

　　35 [人/月] ÷ 7 [人/月] = 5 [か月]

答え：5か月

> 開発工数の問題では、「期間」「人数」「エンジニアのスキル」
> の3つの変数に着目すれば解くことができます！

■ アローダイアグラム

　アローダイアグラムとは、作業計画を立てるときに手順を可視化した図のことです。ITパスポート試験では、「アローダイアグラムの役割」に関する問いか、「作業日数の計算」のいずれかの問題が出題されることが多いです。

　アローダイアグラムでは、**ノード**（作業と作業の区切り）から伸ばす矢印に、作業名と作業日数を記載することで、作業の全体像を把握できます。

> アメリカ海軍がミサイルの開発をおこなう際に
> 採用された手法らしいですよ！

●アローダイアグラムの図例

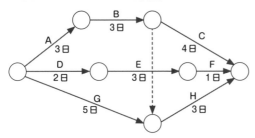

●記号の意味

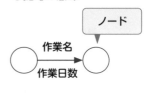

上図の場合、作業の流れとして、次の3つの工程に分けて考えることができます。

①A→B→C ＝(3＋3＋4)日 ＝合計10日
②D→E→F ＝(2＋3＋1)日 ＝合計6日
③G→H　　＝(5＋3)日　　＝合計8日

　また、アローダイアグラム中の点線部分をダミー作業といいます。

　ダミー作業とは、同じノード間の複数経路の作業が記述できないために存在するものです。

　点線で結ばれたノード同士は直接関係せず、作業も発生しませんが、ダミー作業を終えないと次の作業が開始できません。

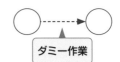

> 仮に、20人月の開発工数が見積もられたとしても、20人を投入すれば1か月でシステムができ上がるわけではありません。それは、アローダイアグラムで示すように、ある作業が完結しないと次の作業に移れない、という状態が発生するためです。

関連用語

クリティカルパス

　アローダイアグラムの問題を解くときに、よく出題されるのが**クリティカルパス**の問題です。クリティカルパスとは、作業を完結させるために最も「クリティカル(致命的)」な作業経路を指します。余裕のない経路を意味し、**最早時刻**と**最遅時刻**が等しい経路のことです。

　下図の場合、①→②→③→⑤→⑥→⑦の経路がクリティカルパスとなります。

□**最早時刻**：作業開始日からかぞえて、最も早く作業に取りかかる時刻(タイミング)。

□**最遅時刻**：作業完了日から逆算し、「いつまでに完了していないと遅延するか」が明らかになる時刻。

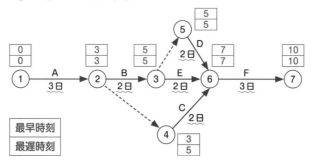

最早時刻は、ノード①から起算したとき、先頭から順に作業日数を足し上げた時間によって求められます。

最遅時刻は、クリティカルパスでかかる総時間から、ノード⑦を起点として、逆にたどった経路でかかる時間を減算して求められます。

例えば、ノード④の最早時刻と最遅時刻は、次のように求められます。

　　ノード④の最早時刻：作業A＋ダミー作業＝3日＋0日＝3日

　　ノード④の最遅時刻：(クリティカルパスでの総時間)－作業F－作業C

　　　　　　　　　　　　＝10日－3日－2日＝5日

DFD（Data Flow Diagram：データフロー図）

DFDとは、処理内容とデータの流れを可視化した図のことです。システム開発をおこなう際、この図を使うことで、どの業務でどのようなデータを参照・更新する必要があるかを整理します。DFDは、開発者と発注者のどちらも分かるように、簡易に4つの記号（下図参照）を用いてデータの流れを表現したものです。

例えば、ECサイトのDFDの場合、顧客が「注文」を完了させてから、後続のシステムが稼働します。それに対応する処理とデータの受け渡しは、下図のようになります。

DFDでは、入力されたデータが「どこから入力され、どのように処理され、どこに出力されるか」が分かります。この図から、次のことが分かります。

DFD／ECサイトでの処理事例

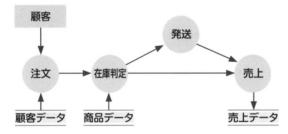

・**顧客**が購入情報の入力を完了したら、**注文**の処理がされる。その際、どの顧客が購入したかは**顧客データ**ファイル（名前など）を参照する。
・**注文**の処理ののち、商品と個数から**在庫判定**をおこなう。そのためには、既存の**商品データ**ファイルを参照する必要がある。
・**発送**業務と連携するため、**売上データ**ファイル（商品金額、購入数など）に情報が送信される。また、**売上**が計上される。

3 ②要件定義プロセス

①企画プロセスでは、「ビジネス要件」を整理しました。次に取り組むことは、つくるモノの明確化です。
「要件定義」とは、プログラミングより1歩手前の「設計図」を描くプロセスのことです。

キーワード　#マネジメント系　#システムの言語化　#機能デザイン

▶YouTube

3-1 要件定義で決めること

POINT!

・システムで実現すべき範囲を決めることを業務要件といいます。
・業務要件を満たすために、システムの機能・非機能を決めることをシステム要件といいます。

　①企画プロセスでは、「お出かけグルメ動画」アプリのビジネス要件を整理しましたが、システムをつくるためには、どんなシステムをつくり、ユーザに使ってもらうのか、必要な機能を具現化し、明らかにする作業が発生します。
　②**要件定義プロセス**では、①企画プロセスで整理したビジネス要件を元に、**システムの設計**をおこないます。
　また、BtoC事業である「すきまマーケット社」の場合、顧客は一般ユーザのため、企業内に閉じてシステムを設計します。一方で、BtoB事業の場合、顧客は企業となるため、ユーザ（企業）に直接ニーズを聞きながら一緒につくるケースもあります。

要件定義

要件定義は、**業務要件**と**システム要件**の2つの側面から検討されます。

業務要件	
概要	システムで実現すべき範囲を洗い出すため、ユーザが実際に利用するシーンや流れ（業務）、情報を決定する。実際に操作される画面デザインも、ここで決定する。
具体例	すきまマーケット社の「お出かけグルメ動画」アプリの場合、次のように業務要件を整理できる。（実際にはもっと細かく設計されます）

アカウント登録

ID、パスワード、メールアドレスを登録

↓

登録されたメールアドレスに確認メールを返す

↓

ユーザは確認メール内のリンクを押下して登録完了

たくさんの人に登録してほしいからシンプルな導線にしたいね！

操作方法も簡単にしよう！

動画投稿

ユーザの利用端末から動画を選択する

↓

動画を加工・編集する

↓

プレビュー画面で投稿動画を確認してもらう

↓

「投稿」ボタンを押して完了

動画加工のスタンプはどんどんアップデートして増やしたいね！

いいね！登録

動画の閲覧者が「いいね！」ボタンを押す

↓

閲覧者の「いいね！リスト」に動画が追加される

↓

同時に投稿者の動画では「いいね！」がカウントされる

この機能はアップデートされず長く使われるものだから慎重に画面設計をしよう！

4
日目

3

② 要件定義プロセス

システム要件	
機能要件	
概要	業務要件で整理した情報を元に、システムの機能を明確にする。
具体例	・アカウント登録：アカウントの新規作成／ログイン機能 ・動画投稿：ユーザの利用端末に、写真アルバムのアクセス許諾をとる／動画の加工・編集機能／プレビュー画面 ・いいね！登録：「いいね！」を押下したユーザアカウントのリスト作成
非機能要件	
概要	機能面以外に、システムに求める要件を明確にする。 稼働率やシステム性能、セキュリティ、保守サービスなどの要件を決めるが、ユーザには認知されづらい要件。
具体例	・アカウント作成時の個人情報は、盗聴（6日目 P.210）など、悪意のある人物に盗まれることを防ぐために暗号化通信を行う。 ・ユーザの環境（レスポンス）に応じて、動画の画質を60％まで落とす。 ・ユーザがインターネット回線から切断されたときは、タイムアウトを表示させる。 ・障害や故障などにより、ユーザがサービスを利用できない場合でも、12時間以内に復旧できる。

■ デザイン

要件定義において、ユーザにどのようにシステム操作をしてもらうか、画面パーツを決めるのもこのプロセスです。業務要件で検討される「ユーザが実際に利用する画面デザイン」についても、学習しましょう。

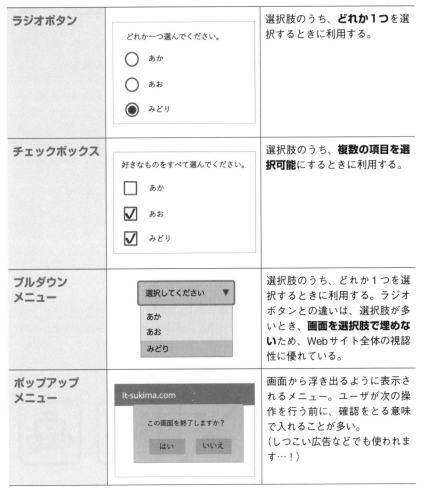

ラジオボタン	どれか一つ選んでください。 ○ あか ○ あお ◉ みどり	選択肢のうち、**どれか1つ**を選択するときに利用する。
チェックボックス	好きなものをすべて選んでください。 ☐ あか ☑ あお ☑ みどり	選択肢のうち、**複数の項目を選択可能**にするときに利用する。
プルダウンメニュー	選択してください ▼ あか あお みどり	選択肢のうち、どれか1つを選択するときに利用する。ラジオボタンとの違いは、選択肢が多いとき、**画面を選択肢で埋めない**ため、Webサイト全体の視認性に優れている。
ポップアップメニュー	It-sukima.com この画面を終了しますか？ はい　いいえ	画面から浮き出るように表示されるメニュー。ユーザが次の操作を行う前に、確認をとる意味で入れることが多い。 （しつこい広告などでも使われます…！）

4
日目

3

② 要件定義プロセス

関連
用語

ユニバーサルデザイン

ユニバーサルデザインとは、国籍や年齢、障がいの有無に関わらず、誰もが
使いやすい設計のことです。この設計思想は、障がい者であったロナルド・
メイス氏が、バリアフリー対応設備の「障がい者だけの特別扱い」に嫌気が
さして、**最初から多くの人にとって使いやすい設計をとる手法**として発明さ
れました。

視覚障害者にも使いやすいボディケア用品のボトルの例

シャンプー　　　　　　コンディショナー

関連
用語

ピクトグラム

ピクトグラムは、文字を使わない情報伝達を目的とした、単純化されたイラスト
（絵文字）のことを指します。次の例のように、年齢や言語に関係なく情報が伝わり
やすいデザインであることが特徴です。

さまざまなピクトグラムの例

4 ③システム開発プロセス

ここからは、ようやくみなさんが思い浮かべる「プログラミング」作業を伴うシステム開発に入ります。このプロセスの中心人物は、システムエンジニアです。②要件定義プロセスで決めたことを忠実にシステムに落とし込んでいきます。

（ですので、作業途中で企画者が「やっぱり仕様変更…」などと言い出すと、エンジニアからの信頼を大きく失うことになります😵）

このプロセスが完了すると、実質的にはシステム（サービス）をリリースできる状態となります。

キーワード	#マネジメント系　　#駆け出しエンジニアとつながりたい

4-1 システム開発で取り組むこと

▶ YouTube

POINT!

・要件定義プロセスで決定したシステムを実現するために、設計・開発・テスト・リリースまでおこないます。

・このうち、「開発」と呼ばれる工程がエンジニアによる「プログラミング」を含む業務です。（プログラミングの詳細は7日目P.229）

　①企画プロセスにおいて**ビジネス要件を整理**し、その内容により、②要件定義プロセスにおいて**システムでつくり上げるものの情報整理・言語化**をおこないます。

　これに続いて、③システム開発プロセスの業務をおこないます。順番に、どんな手順があるかを見ていきましょう。

手順	概要	イメージ
システム設計	要件定義で決めたことを、エンジニアがプログラムに落とすため、開発に必要な情報を整理し、ハードウェアやソフトウェアの仕様を決定する。例えば、実装される画面ごとのパーツを、重複なく、役割に応じて命名するのもこの段階。また、一定量まではアクセスが集中しても耐えられるよう、サーバの強度もこの段階で決定する。	
開発	エンジニアが設計に沿ってプログラムを書き、システムをつくる。システム設計で定めたことを忠実に再現する。また、システム設計どおりに実装できたか、誤りや過不足がないかは、エンジニアと設計担当者の間での**レビュー**（決めたことの確認・調査）により確認する。	
テスト	システムが設計どおりに動作するか、確認する工程。単一画面で正しく動作するか、システムの一連の操作が要件に沿っているか、システムが仕様どおりに動くか…など、「テスト」をする。テストをする目的は、プログラムに誤り（**バグ**）がないか、システム設計に沿った成果物ができているか、などを確かめるため。テストの単位と確認内容（**テストケース**）は、あらかじめ決める。	
リリース／納品	システムが完成したら、ユーザに使ってもらえるよう、ネットワーク上に公開する。この工程を**リリース**という。BtoBのシステム開発の場合、この段階で顧客にシステムを納品することになる。	

■ テストの単位・種類

システム開発の手順のうち、「**テスト**」の工程はいくつかの種類があるため、その詳細も知っておきましょう。

テストの工程	概要	イメージ
単体テスト	プログラムの部品（**モジュール**）単体をテストする。 プログラムの最小単位で誤りがないことを検証する。	
結合テスト	単体テストが完了したプログラム同士を組み合わせ、データの受け渡しや連携がうまくいくかを検証する。	
システムテスト	システム要件に沿った動作をするか、一連の流れを検証する。 業務で実際に使うデータを入力し、想定どおりに処理されているかなど、実際にリリースして問題がないかを確認する。 システムテストまでは、エンジニア組織のメンバーだけで確認できるよう、検品環境でテストをおこなう。	
運用テスト	本番環境と同じ条件下でシステムを運用し、要件どおりにシステムが動作するかを検証する。 運用テストが設計どおりに動作することが確認できれば、いよいよシステムは顧客に届けられる状態となる。	

> **関連用語**
>
> ## ホワイトボックステスト／ブラックボックステスト
>
> どちらも、つくったプログラムが設計どおりにできているかを確認するためのテスト手法です。
>
> **ホワイトボックステスト**は、主に単体テストのプロセスで実施されます。内部構造に着目し、プログラムが意図したとおりに動くか（プログラム構造、エンジニアが作成したロジックや制御）などの検証をおこないます。
>
> 反対に、**ブラックボックステスト**は、主に結合テストのプロセスで実施されます。システム自体が仕様を満たしているかを確認するテストで、入力と出力に着目します。

■ チェックディジット

　チェックディジットとは、入力した数値に誤りがないか、データの正しさを確認するための**付加データ**のことです。開発プロセスでのテストではなく、**仕様**として組み込むものです。

　例えば、オンラインショッピングでクレジットカードでの決済をするとき、「決済認証がやけに早く完了するな？」と感じた経験はありませんか？　これはチェックディジットの技術によって、すばやくカード情報の正しさが確認できているためです。

（例）

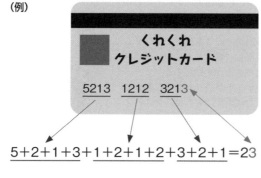

5＋2＋1＋3＋1＋2＋1＋2＋3＋2＋1＝23

一致したら
正しい入力◎

逆に、違っていたら入力の
誤りを発見できる！

※この例では、すべての桁を足し算した下一桁の一致で確認していますが、このルールは使われるシーンによって異なります。

4-2 開発技法の種類

POINT！

・システム開発の「開発」プロセスでは、開発チームとしての動き方（開発技法）が多様にあることを知りましょう。
・ウォータフォールモデルは、最も古典的で広く普及した開発技法です。

開発技法のベースが理解できたところで、実際の開発現場で取り入れられている「開発技法」の種類について学びましょう！

■ ウォータフォールモデル

ウォータフォールモデルとは、「4-1 システム開発で取り組むこと（P.124）」のプロセスを忠実に守った、最も古典的な開発技法です。現在も広く普及しており、一度着手すると手戻りが困難な技法ですが、開発進行が明確で慎重にシステムをつくり込むことができることから、**大規模なシステム開発**に向いています。

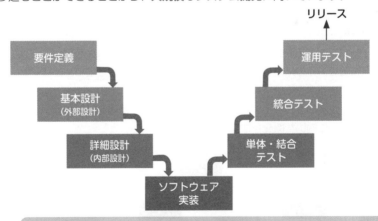

滝が流れるように、上流工程から下流工程に作業が進むことから、「ウォータフォール（waterfall：滝）」と名付けられています！

4
日目

4

③ システム開発プロセス

■ プロトタイプモデル

　プロトタイプモデルとは、試作品（prototype）をつくり、企画者の意図どおりにシステムが構築できているかを確認しながら開発を進める技法です。

　プロトタイプモデルのメリットは、開発者が企画者にシステムの仕様を見てもらいながら開発を進められることです。そのため、プロトタイプ版のシステムは、一連の操作の流れが成立していなかったり、セキュリティ要件が満たされていなかったりするため、「閉じた検証環境の中で動作させる」という制約があります。リリースされるシステムとは明確に差があることは、知っておきましょう。

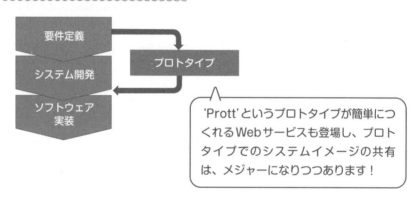

'Prott'というプロトタイプが簡単につくれるWebサービスも登場し、プロトタイプでのシステムイメージの共有は、メジャーになりつつあります！

■ アジャイル

　ウォータフォールモデルは、ゴールが明確化された規模の大きなシステムをつくる開発技法であるのに対し、**アジャイル開発**は、常に改善を重ね、仕様変更にも柔軟に対応できるように組まれた開発技法（体制）です。

　ベンチャ企業など、サービスが未成熟で、ユーザの反応を見ながらシステム開発をしたい組織に向いた開発技法です。

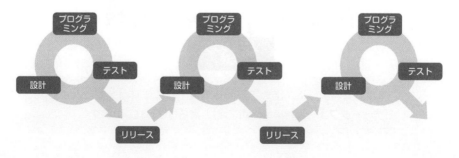

■ リバースエンジニアリング

リバースエンジニアリングは、これまでの開発技法とは異なり、既存のプログラムを解析し、設計や仕様・構成要素を明らかにして開発する技法です。この技法を用いるケースは主に2パターンあります。

・競合システムと同等の製品をつくりたいとき（≒既存の競合システムを分析対象とするとき）。
・過去のシステムに長年手を入れられておらず、仕様書なども残っていないとき。

■ DevOps

DevOps開発とは、これまで開発と運用（P.130）で分かれていた組織が、互いに協力し合う開発体制のことです。ここでいう「運用」とは、サポートデスクへの問い合わせを受ける体制のことも含みます。「運用」は、組織内でもユーザの声に近い立ち位置となります。

ユーザの意見をベースにシステム開発をおこなうことから、ビジネス観点での価値向上に直結する可能性が高くなります。

5 ④保守・運用プロセス

いよいよシステム開発が終わり、サービスをリリースしたら業務完了！…というわけではありません⚠️
保守・運用プロセスでは、システムが安定して稼働できるようメンテナンスをしたり、顧客からの問い合わせへの応答、システム不具合への修繕など、システムリリースの後に発生する業務について学習します。

キーワード #マネジメント系　#問い合わせ対応　#システム障害対応

▶ YouTube

5-1 システムは「つくっておしまい！」ではない

POINT！

・SLAに沿って、システムの品質を定義し、担保します。
・インシデント管理の目的は、システムの早期復旧です。
・顧客の課題解決には、電話やメール問い合わせだけではなく、FAQ、チャットボットなどを利用する手段もあります。

　まずは、すきまマーケット社の「おでかけグルメ動画」アプリにおける、保守・運用の具体例を知り、シーンを思い浮かべてみましょう。

　システムリリース後、顧客（ユーザ）にサービスを提供し続けられるよう、運営会社が活動するプロセスを「保守・運用プロセス」といいます。

保守・運用のシーン想起

　無事に"おでかけグルメ動画アプリ"のシステム開発は完了しましたが、すきまマーケット社の業務はまだまだ続きます。

　"おでかけグルメ動画アプリ"が広く顧客に使われるようになったとき、テスト工程で拾いきれなかったバグが発見されることがあります。

　例えば、みなさんが、システムを想定どおり使えないとき、どんな対応をとりますか？　「自分の動画をアップロードした直後だけ、アプリがすぐに落ちてしまう…。」きっと、こんなときは、運営会社のすきまマーケット社に**問い合わせ**をしますよね。そのため、すきまマーケット社には、問い合わせを受ける窓口「**サービスデスク**」を設置する必要があります。

　それ以外にも、「使い方が分からない」「もっとこんな機能がほしい」など、顧客はサービスデスクを通して、運営会社に意見を伝えることができます。

　また、すきまマーケット社は、顧客が快適にサービスを使い続けられるように、バグ（システム障害）が検知された際は、早急に修正する必要があります。そのため、企業はシステムエンジニアとの関係を「システム開発完了」と同時に終了することはできないのです。

■ インシデント管理

　インシデント管理とは、利用者に正常なシステムを使い続けてもらい、インシデント（incident：［サービス利用に影響する］できごと）に対応することです。

● すきまマーケット社の例

　ユーザが遭遇した「アプリがすぐに落ちてしまう…」というバグへの問い合わせには、インシデント管理が必要となります。

　このとき、すきまマーケット社が管理する開発組織では、すでに新機能の開発計画が進んでいましたが、開発の優先順位を再検討し、新たな開発計画が必要となります。このように、保守・運用の担当者がインシデントの解決に動くことを**インシデント管理**といいます。

　またインシデント管理の対応のなかで、サービスデスクだけでは対応でき

ず、エンジニア組織に協力を依頼することで解決するケースについて、サービスデスクに担当者が上位者に判断・協力を依頼することを**エスカレーション**といいます。

■ SLA（Service Level Agreement）

SLAとは、サービス提供者（企業）と利用者との間で、サービス品質を一定の条件以上に保つことに合意した「品質定義」のことです。

●「おでかけグルメ動画」アプリのSLAの例

・システム障害の発生から終了まで、48時間以内に復旧する。
・サービスデスクの営業時間は、平日朝10時から夜19時までとする。
・データのバックアップ期間は、最終ログインから10年間までとする。

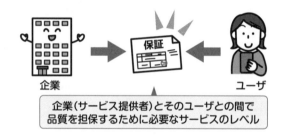

企業（サービス提供者）とそのユーザとの間で
品質を担保するために必要なサービスのレベル

■ ITIL（Information Technology Infrastructure Library）

ITILとは、ITサービスの管理者に向けてITサービスの品質を効率的に管理する**ベストプラクティス**（有益な経験則やルール）を体系的にまとめたノウハウ集です。ここでいう、**ITサービスの管理**とは、ITサービスを提供する「企業」が主な対象となります。（ITサービスには、すきまマーケット社の「おでかけグルメ動画」アプリも、TwitterやInstagram、YouTubeも、ITサービスの対象です！）

> ユーザが問い合わせをする方法として、次に紹介する選択肢（サービスデスクやFAQなど）を用意することも企業の務めとなります。

■ サービスデスク

サービスデスクとは、顧客からの困りごとや意見などを受け付ける窓口です。電話やメールなどを経由した**問い合わせに対応**します。

また、サービスデスクは「人」を介して問い合わせに対応するため、一人ひとりに対応した回答ができるメリットがあります。一方で、問い合わせ１件あたりの対応に時間がかかるため、問い合わせが解決するまでにかかる時間が遅くなるデメリットもあります。

みなさんもサービスデスクに電話をして、なかなか出てもらえなかった経験はありませんか…？

そんなデメリットに対応するために、関連用語**FAQ**、**チャットボット**もセットで覚えましょう。

あれ？バグ（システム障害）

使い方が分からない

こんな機能が欲しい！

関連用語

FAQ

FAQとは、よくある質問とその回答を集めた資料やWebサイトのことを指します。FAQを参照することで、顧客がサービスデスクに問い合わせをする必要がないため、問い合わせの受付時間を気にすることがなく、サービスデスクからの返答を待つ必要もありません。顧客のインシデントを**自己解決**できるツールとして優れています。

一方で、FAQに掲載されていない課題はサービスデスクに問い合わせないと解決できない欠点もあります。

関連用語

チャットボット

チャットボットとは、会話形式で問い合わせに応答する仕組みのことです。問題の絞り込みも**会話形式**でおこなえることから、FAQより早期に課題解決ができる可能性も高く、どうしても解決できない場合は、有人サービスデスクに誘導することもできます。

ヤマト運輸のLINE上でのチャットボットの例

4
日目

5

④ 保守・運用プロセス

▶ YouTube

5-2 システム監査

> **POINT！**
>
> ・システム監査では、企業活動が適正におこなわれているかを評価・指摘します。
> ・監査人が適正に機能することで、レピュテーションリスクを低減できます。

　システム監査とは、企業の情報システムが適切に運用されているか、法的リスクが適切に管理されているかなどを、独立した第三者が評価することです。

■ システム監査の目的

　システム監査とは、企業活動が適正か、あるいは法律やセキュリティの観点でリスクがないかを監視（確認）することが目的です。

　システムをつくったり管理したりした当事者ではない**第三者の立場**から調査や評価をおこないます。

　仮に問題が発見されても、当事者を通報したり逮捕したりすることはなく、指摘にとどまります。

■ システム監査の立ち位置

　システム監査人は、独立した第三者である必要があります。そのため、監査を受ける当事者と利害関係のない人物が監査をおこないます。

　監査をおこなう人は、2パターンに分類されます。

□**内部監査人**：社内で独立した部署として存在する監査部門の担当者
□**外部監査人**：公認会計士や外部コンサルタントなどの社外の担当者

システム監査人の職業倫理

経済産業省が公表するシステム監査人の職業倫理として、**外観上の独立性**と**精神上の独立性**について学びましょう。

システム監査人は、職業倫理に従い、誠実に業務をおこなわなければなりません。

外観上の独立性	システム監査人は、監査を客観的におこなうため、監査対象（企業のプロジェクトや開発組織）から独立している必要がある。そのため、監査対象の組織と利害関係があってはならない。
精神上の独立性	システム監査人は、システム監査をおこなう際に、偏った判断をせず、常に公正かつ客観的に監査判断をおこなわなければならない。

（例）　監査人の田中さんは、プロジェクトAの開発中盤から監査担当となった。その後、田中さんは個人情報の取り扱いに関する重大な欠陥を発見した。

田中さんが指摘することで、開発は企画設計から振り出しに戻ることになるが、企業として誠実に事業を営むために、欠陥箇所を指摘し、プロジェクト全体の見直しをおこなうことになった。

システム監査人の業務

システム監査人は、監査対象の企業が管理する「システム」に対して、リスクコントロールが適正におこなわれているかを第三者の立場から評価します。

例えば、「アカウント」にかかわる個人情報保護の観点が抜けていないか、企業にとって損害が出ない対応ができているか等、システム監査人が評価・指摘することで、企業は健全にサービスを運営できます。

レピュテーションリスク

レピュテーションリスクとは、企業へのマイナス評価や評判が広まることで生じる経営リスクのことです。監査人が正しく企業を評価することで、レピュテーションリスクを低減できます。

レピュテーション（reputation）は「評価・評判」という意味で、風評被害を発生させないリスクヘッジを検討する必要があります。

135

■ コーポレート・ガバナンス

企業は、経営者のものではなく、資金を提供する「株主」のものです。

コーポレート・ガバナンス(corporate governance：企業統治)とは、株主の利益を最大化できるよう、経営者と事業を監視する仕組みのことです。

「ガバナンスが効いている」状態とは、企業内の統制がとれており、不祥事や情報漏えいのリスクが低い状態です。

■ IT ガバナンス

IT ガバナンスとは、コーポレート・ガバナンスから派生した言葉で、企業がITを活用するための規律をつくったり、監視したりする仕組みのことです。

システム監査人の役割によって保たれます。

5-3 故障に備える

POINT！

- ・システム稼働率とは、システムが導入されてから、どのくらい稼働し続けるかを示す割合です。
- ・システム稼働率は、MTBF（稼働時間の平均値）とMTTR（修理時間の平均値）によって、求めることができます。

システムの「故障」は、開発時にどれだけ綿密に設計しても・何度テストをしても、付きまとう問題です。故障の原因は、動作環境（OSやWebブラウザの種類など）に起因するシステム側のバグだったり、経年劣化だったりなど、さまざまです。

故障から修理完了までに、システムが使えなくなる時間が短いほど、「システムの信頼性は高い」と言うことができます。

■ システム稼働率

システム稼働率とは、そのシステムが導入されてから、ある一定期間を切り取ったとき、どのくらい稼働しているかを割合で示したものです。

まずは身近な例で稼働率について考えてみましょう。

例題　1日の勤務時間が8時間で、休憩時間が1時間のビジネスパーソンの稼働率はいくらか。

答えは、次のように求めることができます。

$$\frac{\overset{\text{稼働時間}}{8時間}}{\underset{\text{稼働時間　休憩時間}}{8時間＋1時間}} ≒ 88.9\%$$

答え：88.9%

4 日目

5

④保守・運用プロセス

137

システムの稼働率も、同じように求めてみましょう。

システムの稼働率の公式

$$稼働率 = \frac{MTBF}{MTBF + MTTR} \quad \begin{array}{l} \leftarrow 平均故障間隔 \\ \leftarrow 平均故障間隔と平均修復時間の和 \end{array}$$

平均故障間隔 （MTBF：Mean Time Between Failures）	稼働時間の総和を、故障回数で割った平均時間。 「Between Failures」とは、「故障と故障の間」と訳せるため、 **平均稼働時間**と覚えると、MTTRと比較しやすいです。 $$\text{平均故障間隔} \atop (MTBF) = \frac{\text{稼働時間の和}}{\text{故障回数}}$$
平均修復時間 （MTTR：Mean Time To Repair）	修理にかかる平均時間。 「Repair（修理）」から、修理にかかった時間の平均値と理解すると覚えやすいです。 $$\text{平均修復時間} \atop (MTTR) = \frac{\text{修理時間の和}}{\text{故障回数}}$$

　MTBF（平均故障間隔）とMTTR（平均修復時間）が分かると、システムの**稼働率**を求めることができます。いずれも「稼働」と「修理」の平均値を元に計算することから、「平均故障間隔」を平均故障間隔と平均修復時間の和で割ることで求められます。

例題　**あるシステムが次のように稼働するとき、このシステムの稼働率は何%か。**

2時間	1時間	4時間	1時間	3時間	1時間
稼働①	修理①	稼働②	修理②	稼働③	修理③

まず、**MTBF(平均故障間隔)**を求めます。稼働時間を故障回数(修理回数)で割った平均を見てみましょう。

$$= \frac{稼働①＋稼働②＋稼働③}{3}$$

$$= \frac{2時間＋4時間＋3時間}{3} = 3時間$$

次に、**MTTR(平均修復時間)**を求めます。

$$= \frac{修理①＋修理②＋修理③}{3}$$

$$= \frac{1時間＋1時間＋1時間}{3} = 1時間$$

最後に、上記で求めたMTBFとMTTRから、**稼働率**を求めましょう。

$$稼働率 = \frac{MTBF}{MTBF＋MTTR}$$

$$= \frac{3時間}{3時間＋1時間}$$

$$= 0.75$$

答え：75%

最後に、システム故障に備えた対策技術も知っておきましょう。

■ フォールトトレランス

フォールトトレランスとは、システム故障時に、**機能を制限せず**、停止することなく動作するシステムのことです。fault(故障)にtolerance(耐性)がある、という意味です。

例えば、ハードディスクに障害が発生すると重大な支障をきたすことから、デバイスを二重にする(**ミラーリング**：5日目P.153)などの仕組みをもたせることです。

同じデータ

■ フェールソフト

フェールソフトとは、システム故障時に、**機能の制限を許容**し、稼働し続けることを優先する設計のことです。故障被害を最小限に抑えることができます。fail（失敗）にsoft（柔軟）に対応する、という意味です。

例えば、飛行機のエンジンが2つある理由は、片方が完全に停止しても、もう片方で飛行できるようにするというフェールソフトの思想から設計されています。

■ フェールセーフ

フェールセーフとは、システム故障時に、**安全を優先**するために、システムを止める設計のことです。fail（失敗）してもsafe（安全）を優先させる、という意味です。

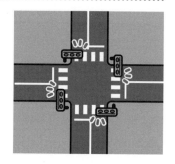

例えば、信号機は、システム故障を検知すると、赤色が点灯したまま止まります。青色が点灯したまま止まると、交通事故の原因となるためです。

■ フールプルーフ

フールプルーフとは、人間が**誤った使い方**をしても、システム制御によって異常が起こらないようにする設計のことです。fool（まぬけ）をproof（通さない）ようにする、という意味です。（「ウォータプルーフ」が「水を通さない」ことと同じ）

例えば、電子レンジは、ドアを閉めないと加熱できない設計になっています。とくに家電製品にはフールプルーフの処理が多く施されています。その他、システム入力画面で誤った数値を入力すると、エラーメッセージが表示される等も該当します。

バスタブ曲線

システムの故障と時間の関係をグラフにしたものを**バスタブ曲線**といいます。見たとおり、お風呂のバスタブのような線を描いています。

①**初期故障期間**：システムの導入初期は、テストでも拾いきれない製造時のバグにより、故障率が高くなります。
②**偶発故障期間**：初期故障のバグを修正することで、故障率が低くなり、安定稼働できる時期です。
③**摩耗故障期間**：システムの稼働時間が長くなることで、故障率が高くなります。（「経年劣化」ともいいます）

故障率曲線（バスタブ曲線）

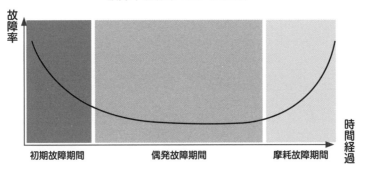

このことから、システムは定期的に**メンテナンス**（予防保守）をおこない、故障を未然に防ぐようにします。MTBF（平均故障間隔）を長く保つことが、システムの利便性を向上させます。

今日の講義もおつかれさまでした！
それでは、明日のすきま教室でお会いしましょう 🖐

memo

5日目

1 コンピュータの構成

> スマートフォン本体だけでは、ゲームやSNSを利用できないように、ソフトやアプリのダウンロードによって、ようやくこれらのWebサービスが利用できますね。
> このように、スマートフォンやパソコンは、本体（ハードウェア）と中身（ソフトウェア）に分けることができます！

キーワード	#テクノロジ系　　#パソコン　　#スマホ　　#ハードウェア

1-1 コンピュータの中心・CPU

POINT！

・CPUは、コンピュータの「脳みそ（司令塔）」として、装置全体を動作させます。
・CPUは、演算装置と制御装置で構成されています。
・クロック周波数は、CPUの性能を［GHz］（ギガヘルツ）の単位で表します。

　みなさんが「パソコン」や「スマホ」と一言で指しているものは、複数の装置から構成されています。

　コンピュータを構成するハードウェアは、制御装置、演算装置、記憶装置、入力装置、出力装置の5つに分けられます。

5大装置	役割	具体例
制御装置	入力装置からの指示を解釈し、出力装置にアウトプットする情報を指示する。	CPU（処理装置）
演算装置	制御装置ではすべての装置に指示を出し、演算装置では計算処理をする。	
記憶装置	処理する情報を記憶するための装置。	主記憶装置 補助記憶装置
入力装置	情報をインプットするための装置。	キーボード マウス
出力装置	処理された情報をアウトプットするための装置。	ディスプレイ プリンタ

スマートフォンやタブレット端末の「タッチパネル」は、入力装置であり、出力装置でもありますね◎

その他にも、よく知られているコンピュータ機器には次の種類があります。これ以降は、コンピュータを構成する中身についてお話しします。

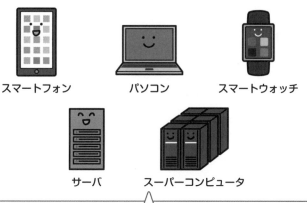

スマートフォン　　パソコン　　スマートウォッチ

サーバ　　スーパーコンピュータ

「サーバ」と「スーパーコンピュータ」は、役割はほぼ同じですが、性能や価格の面で大きな違いがあります。自動車でいうと、普通車とF1カーほどの違いがある、と理解しましょう。

5
日目

1

コンピュータの構成

■ CPU (Central Processing Unit)

　CPUとは、計算処理や動作を指示するコンピュータの**脳みそ**(司令塔)にあたるパーツです。演算装置と制御装置で構成されています。CPUは記憶装置の中心となり、コンピュータ全体を動かします。

□**演算装置**：実際に情報を「演算」する装置。演算とは、足し算や引き算など、コンピュータの中でおこなう計算のことです。

□**制御装置**：プログラムの命令を解釈し、コンピュータの動作を「制御」する装置。

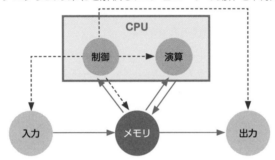

　※ ──→ はデータの流れを表す。
　※ ----▶ は制御の流れを表す。

関連用語

コア

　演算装置で実際に計算をおこなう作業能力は、**コア**の数に応じて変わります。コアは独立して異なる処理を同時並行でできるため、コアの数が多いほど、コンピュータの性能は高くなります。そして、1つのCPUに複数のコアをもつCPUのことを**マルチコアプロセッサ**といいます。

> 　2つのコアをもつCPUをデュアルコアプロセッサ、4つのコアをもつCPUをクアッドコアプロセッサ、といいます。どちらもラテン語由来の英語で「デュアル＝2つ」「クアトロ＝4つ」を意味します！

日目

1
コンピュータの構成

関連
用語

クロック周波数

クロック周波数とは、CPUの処理性能を示すものです。クロック周波数が「1GHz」といわれたら、1秒間に1G（10億）回の振動で信号を送って動作している、という意味で、クロック周波数の値が高いほど、コンピュータの処理性能が高いことになります。

（「ギガ」や「メガ」などの接頭辞については3日目P.102で学習しましたね！）

スペースグレイ

スペック表の例
左図の場合、1秒間に2G回（20億回）の振動で信号を送ることができるコアを4つ搭載しているCPU、ということが分かりますね！

Intel Iris Plus Graphicsを搭載した**2.0GHz**クアッドコアIntel Core i5プロセッサ
512GBストレージ

出典：Apple JapanのWebサイト

GPU（Graphics Processing Unit）

GPUとは、映像などのモニタに映る画面の処理をおこなうときに使われるパーツです。PhotoshopやIllustrator、動画編集ソフト等のデザインソフトは、GPUの処理性能が高いほど、サクサクと思いどおりのデザインをコンピュータ上で表現できます。逆に、GPUの性能が低いと、画面がカクカクと遅く重くなり、デザイン作業がしづらくなります。

● CPU と GPU の役割の違い

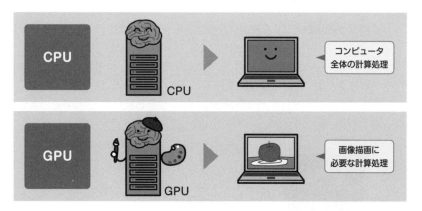

■ レジスタ

レジスタとは、CPUのうちの記憶装置であり、CPUの中に存在するパーツです。演算処理をおこなう途中で、一時的に計算結果を保存する必要があり、その際にレジスタに情報を保存しておきます。情報を保存する速度は速いですが、覚えられる容量は少ないパーツです。

1-2 主記憶装置（メモリ）

▶YouTube

> **POINT!**
>
> ・「主記憶装置」のことを「メモリ」ともいいます。
> ・CPUがデータの読み書き処理をおこなうとき、データを一時的に保管する装置です。

主記憶装置（**メモリ**）とは、CPUがデータの読み書き処理をおこなうとき、データを一時的に保管するための装置です。CPUの処理を高速で動作させるには、メモリのスペックが重要です。

■ キャッシュメモリ

キャッシュメモリは、CPUと主記憶装置の速度の違いを埋めるときに使われるパーツです。CPUの近くに位置し、データを高速に処理することが可能です。

キャッシュメモリのうち、CPUの最も近くに位置するものを「**一次キャッシュメモリ**」といい、その次に近いものを「**二次キャッシュメモリ**」といいます。最大で、三次キャッシュメモリまであるコンピュータが多いです。

> キャッシュメモリと対比するために、主記憶装置（メモリ）のことを**メインメモリ**ということもあります。

5
日目

1 コンピュータの構成

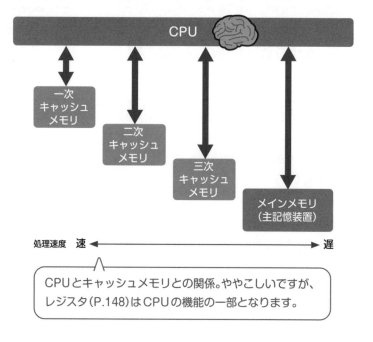

CPUとキャッシュメモリとの関係。ややこしいですが、
レジスタ（P.148）はCPUの機能の一部となります。

　続いては、**RAM**と**ROM**について学習します。名前は似ていますが、２つの言葉は全く違う意味です。

RAM	ROM
揮発性 読み◎　書き◎	不揮発性 読み◎　書き×
電源が切れると 記憶内容が消える	情報が書き込まれて 内容は書き変えられない
SRAM／DRAM が主な種類	複数の種類がある

RAM （Random Access Memory）

　RAMとは、揮発性で、データの読み書きが可能なメモリです。「揮発性のメモリ」とは、電源が切れると記憶内容（データ）が消えてしまうメモリであることを意味します。1つ前に扱った、キャッシュメモリやメインメモリはRAMに分類されます。

　SRAMとDRAMは、「**リフレッシュ**が必要か」で区別されます。リフレッシュとは、記憶内容が失われないように、電荷を補充することです。人間も「リフレッシュするために温泉旅行」をしたりしますよね♨

　リフレッシュは、情報の新鮮さを保つために、同じ動作を繰り返すこととイメージしてください◎

SRAM

　SRAMとは、**リフレッシュする必要がないRAM**です。キャッシュメモリとして使われており、CPUと接続される回路が複雑であることから、SRAMは値段も高いです。

DRAM

　DRAMとは、**リフレッシュが必要なRAM**です。DRAMに蓄えられる電荷が小さいことから、常にリフレッシュをおこなわないと記憶内容が失われます。一方で、SRAMと比べると回路が単純であることから、安価につくることができます。

ROM （Read Only Memory）

　ROMとは、不揮発性で、データの読み出しはできますが、書き込みはできないメモリです。「不揮発性のメモリ」とは、電源を切っても記憶内容が消えないメモリのことです。

　ROMにはあらかじめ情報が書き込まれていて、その内容は書き換えられません。パソコンの製造段階で書き込まれた情報を読み出すためのもので、パソコンを起動させるためのプログラムなどがROMに書き込まれています。普段、みなさんがパソコンを使うときにROMを意識することはほぼない、と思ってください。

▶YouTube

1-3 補助記憶装置

> **POINT!**
>
> ・補助記憶装置は、データやプログラムを長期的に保管する装置です。
> ・ハードディスクの「フラグメンテーション」とは、ファイルの書き込みや消去を繰り返すうちに、データがバラバラに断片化する状態です。

主記憶装置とは、容量の小さいデータやプログラムを一時的に保管する装置でした。一方で補助記憶装置は、データやプログラムを長期的に保管する装置です。電源を切っても記憶内容は消えず、容量も大きいです。

補助記憶装置に保管する情報がCPU

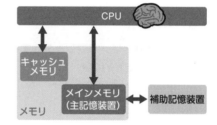

で処理されるためには、メインメモリに一度情報を読み込む必要があります。

■ ハードディスク (Hard Disk Drive：HDD)

ハードディスクは、磁気を利用してデータを読み書きする**記憶容量の大きい**補助記憶装置です。

ハードディスクのデータは、「ディスク」の「セクタ」という単位ごとにランダムに高速に記録されます。

ですが、この「容量が大きくアクセス速度も比較的速い」という利点に反してデメリットもあります。**フラグメンテーション**については、試験でもよく問われるので、押さえておきましょう！

フラグメンテーション

ハードディスクのデータはランダムに記録されることから、ハードディスクの利用初期は連続した領域に記録されていても、ファイルの書き込みや消去を繰り返すうちに、データはバラバラに断片化された状態となります。

データの空きはあるのに、虫食い状態で**データを正しく読むことができない**状態です。この状態を**フラグメンテーション**といいます。

こうしたハードディスクの脆弱性を回避するため、**SSD**(Solid State Drive)というUSBのような半導体を使用した補助記憶装置もあります。フラグメンテーションのリスクはありませんが、ハードディスクと比べると高価な製品です。

RAID

RAIDは、複数のハードディスクを使って処理速度や信頼性を向上させる技術です。みなさんが普段利用する「パソコン」や「スマートフォン」とは違う形で情報管理されているものとイメージしましょう。

RAIDには複数の種類がありますが、ITパスポート試験では**RAID 0**、**RAID 1**、**RAID 5**を押さえましょう。

	RAID 0 （ストライピング）	RAID 1 （ミラーリング）	RAID 5
概要	複数のHDDに分散してデータを書き込む	複数のHDDに同一データを書き込む	複数のHDDに分散してデータとパリティ※情報を書き込む
リスク	1台故障するとデータすべてが失われる	HDDの使用効率は低くなる	―
高速性	◎	×	○
信頼性	×	◎	○

※パリティは誤り訂正符号ともいわれ、もし1台のHDDが故障しても、生き残ったHDDのパリティを利用してデータの復元が可能になる。

CPU と記憶装置のまとめ

ここまで、ハードウェアのコンピュータ部分について学習してきました。

たくさんの装置が紐付いて構成されているため、ここで一度、情報の整理をしてから先に進みましょう◎

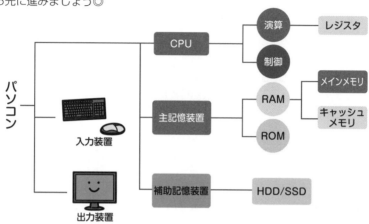

> 私たちの身近にあるパソコンやスマートフォンは、このようなパーツから構成されています。

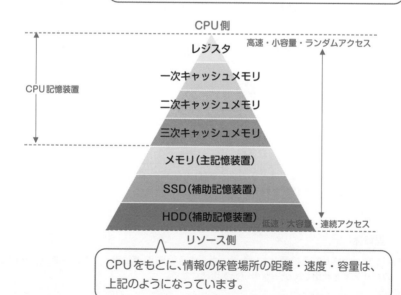

> CPUをもとに、情報の保管場所の距離・速度・容量は、上記のようになっています。

1-4 入力装置・出力装置

POINT!

・入力装置には、キーボードやマウス、タッチパネル等が分類されます。

・出力装置には、モニタやプリンタ、タッチパネル等が分類されます。

ここまでは、コンピュータの「頭脳」の部分について学んできました。入力・出力装置は、コンピュータの頭脳に情報をインプット・アウトプットするための装置です。具体例で、ITパスポート試験で問われる各装置を見ていきましょう！

■ プリンタ

ITパスポート試験で取り上げられるプリンタの種類も知っておきましょう！
とくに**3Dプリンタ**については、近年よく問われています。

主な種類	概要	イメージ
インクジェットプリンタ	紙にインクを吹き付ける方式のプリンタ。 学生時代は紙の印刷物が多いので、使ったことがある人も多いはず…！	
感熱式プリンタ	熱に反応する紙（感熱紙）に印刷するプリンタ。熱を受けた箇所のみが印字されるため、簡易的ですばやい印刷に適している。コンビニエンスストアなどで買い物をしたときにもらうレシートには、この技術が使われている。	
3Dプリンタ	3次元の設計データから立体物をつくり出す装置。CAD／CAM（P.158）のデータを簡易的にアウトプットするときにも使う。印刷物の材料にはフィラメントが利用されており、加熱すると柔らかくなり、冷めると固まる特性がある。	

5日目

1 コンピュータの構成

■ ディスプレイ

ディスプレイは、コンピュータが解釈した情報を人間に伝えるために「映すもの」です。独立したモニタを接続して利用することもあれば、ノートパソコンやスマートフォンのようにディスプレイとコンピュータが同一端末になっていることもあります。

ディスプレイ、キーボード、マウスをカスタムして利用するタイプ。ディスプレイは独立してコンピュータに接続されている。

ノートパソコンなど、持ち運びやすく、キーボードやマウス操作が1つにまとまったタイプ。コンピュータとディスプレイは同一端末。

DPI (Dots Per Inch)

DPIとは、画面上の**画素数**を示すもので、1インチあたりで表示できるドット数を単位としたものです。「解像度」といわれることもあり、DPIの数値が高いほど、よりきれいな文字や写真、動画をディスプレイ上に表示できます。

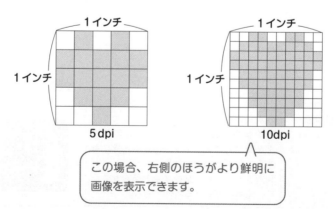

この場合、右側のほうがより鮮明に画像を表示できます。

ユーザの操作画面は、主に2パターンに分けることができます。「ユーザにどんな操作性を提供するか」を決めることは、4日目で学んだ開発要件にも影響します。

■ GUI (Graphical User Interface)

GUI（ジーユーアイ）とは、表示された**アイコン**や**ボタン**を選択することで操作できる画面です。

例えば、フォルダやファイルを管理するパソコンの画面は、次のように図とテキスト文で整理され、特別な学習をしなくても画面を見たとおりに操作が可能ですね。みなさんが普段使っているパソコンの操作画面は、ほぼGUIと思ってください！

Windows   Mac

■ CUI (Character User Interface)

CUI（シーユーアイ）とは、**コマンド**による操作やテキスト表示が主となる画面のことです。コマンドとは、特定機能の実行を指示するための命令文で、CUIを操作するには予備知識が必要になります。

OSやサーバ側の作業をする人は、右のような画面（CUI）によって作業します。そうでない人は、CUIの画面で操作する機会は、ほぼありません。

Macの例

157

■ CAD ／ CAM

立体造形を設計・製造するときに利用されるソフトウェア（ツール）です。**3Dプリンタ**で制作物をつくるときにも使われます。CADとCAMはセットで覚えてください！

☐ **CAD**（Computer Aided Design）：製品の設計図を描くための製図ツールのこと。（設計図をつくる）

☐ **CAM**（Computer Aided Manufacturing）：CADで制作した図面をもとに、工作機械のプログラムを作成するシステムのこと。（製品をつくる）

■ 入出力インタフェース

続いて、コンピュータと入出力装置を結び付けるための**インタフェース**（端末同士をつなげるための接続口）について紹介します。

入出力のインタフェースが**規格化**（P.66）され、さまざまなメーカが世界基準のルールに合わせて製品をつくっています。

これにより、端末がメーカ独自に製造されても、インタフェースの規格は同じであることから、メーカが異なっても機器同士の接続はスムーズに動作します。（仮にメーカごとに入出力インタフェースがバラバラにつくられていたら、端末を1つ買い換えるだけで、お金も労力もかかりますね…）

インタフェース規格

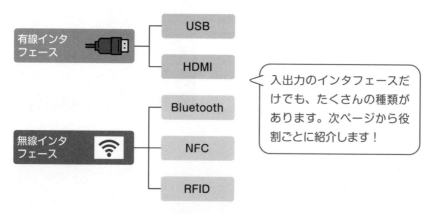

有線インタフェース — USB / HDMI

無線インタフェース — Bluetooth / NFC / RFID

入出力のインタフェースだけでも、たくさんの種類があります。次ページから役割ごとに紹介します！

■ 有線インタフェース

ケーブルなどを物理的に配線してつなぐ方式のことです。

 USB (Universal Serial Bus)

USB とは、パソコンと周辺機器を接続できる、入出力インタフェースの規格です。USB接続ができるハードディスクやキーボード、マウスなどの周辺機器を利用できます。USBにはバスパワーという機能があります。ケーブルを通して周辺装置に電力を送ります。

 HDMI (High-Definition Multimedia Interface)

HDMI とは、映像や音声をやり取りするための高精度な入出力インタフェースの規格です。

「そんなの普通でしょ！」と思うかもしれませんが、HDMIが普及する前は、映像と音声のデータは異なる規格のケーブルによって、別々に再生されていました。HDMIの登場により、接続１つで実行可能になったのです！

■ 無線インタフェース

ケーブルなどによる物理的な配線ではなく、目には見えない「電波」を飛ばすことで端末同士をつなぐ方式のことです。

 Bluetooth

Bluetooth は、近距離間でデータをやり取りできる無線インタフェースの規格です。スマートフォンからイヤホンに音楽を流したり、画像データを送り合ったり、さまざまな用途で利用されています。

((Bluetooth))

スマートフォンからBluetooth対応のイヤホンに接続し、無線で音楽を楽しめる技術ですね！

5 日目

1 コンピュータの構成

NFC (Near Field Communication)
NFCとは、かざすだけで無線通信ができる無線規格です。NFC搭載の端末
と専用リーダの端末同士を近づけることで通信が可能で、電子マネー決済
（JR東日本の「Suica」など）にも利用されています。

電子マネー決済も「かざすだけ」
の決済機能としてNFCが利用さ
れています。

 RFID (Radio Frequency Identifier)
RFIDとは、電波を用いて、情報を埋め込んだタグのデータを非接触で読み
書きするシステムです。
バーコードによる商品管理の場合、1枚1枚スキャンする作業が発生し、棚
卸し（商品在庫の総確認）の際に手間と時間がかかります。こうしたケースで
RFIDを導入することで、電波で複数のタグを一気にスキャンできます。タ
グが遠くにあっても、電波の範囲内なら読み取りが可能です。

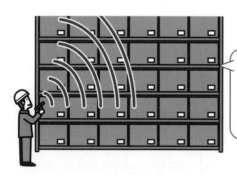

在庫管理をおこなう業務には、
RFIDが欠かせません！　RFID
により、どの商品が何個あるかな
どが一括で把握できます◎

IrDA (Infrared Data Association)

IrDAは、**赤外線通信**のことです。Infraredとは、英語で「赤外線の」とい
う意味です。近距離のみの通信に限定されますが、消費電力は少なく、小型
端末での近距離無線通信に向いています。

 GPS (Global Positioning System)

GPSとは、地球上どこにいても人工衛星と連動して位置情報を特定できる
システムです。3基以上の人工衛星が発信する電波から、発信時刻と受信時
刻のデータを受信して位置情報を特定します。

安定した位置情報を得るためには、4基以上の人工衛星から情報が取得され
ることが望ましく、都市部のビルや山間部の樹木などに電波が遮られると精
度に影響することもあります。

GPSは、カーナビやスマートフォンアプリ（Googleマップなど）にも利用
されています。

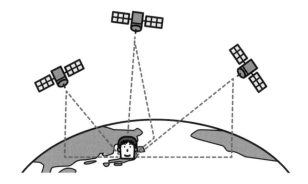

5
日目

1 コンピュータの構成

▶YouTube

1-5 ソフトウェア

POINT！

- ・ソフトウェアは、OSとアプリケーションに大別できます。
- ・オープンソースソフトウェアは、ソースコードが公開されていて、改良や再配布が自由におこなえます。

　パソコンは、ハードウェアだけあってもただの「箱」でしかないように、ソフトウェアがあることによって、ネットサーフィンをしたり、イラストをつくったり、私たちが利用する「パソコン」として機能させることができますね！

　ソフトウェアは、「OS」と「アプリケーション」に大別できるため、まずはこの違いを理解しましょう◎

■ ソフトウェアの種類

　ソフトウェアとは、ユーザに特定の機能を提供するプログラムのことです。みなさんもパソコンでGoogle Chromeのソフトウェアをダウンロードしたり、スマートフォンでゲームアプリをダウンロードしたりした経験はありませんか？　これらはすべて**ソフトウェア**です。

　ソフトウェアは、次のように分類されます。それぞれの枠組みごとに見ていきましょう。

基本ソフトウェア	バックグラウンドで動作するプログラムのこと。 広義のOS（制御プログラム、言語プロセッサなど）。
応用ソフトウェア	基本ソフトウェア上で動作する機能ソフトウェアのこと。 表計算ソフト、プレゼンテーションソフト、給与計算ソフト、メールソフト、ウイルス対策ソフトなど。
ミドルウェア	基本ソフトウェアと応用ソフトウェアを仲介するソフトウェア。 多くは、データベース管理とそのソフトウェアを操作（入出力）する機能を提供する。データベース管理ソフト、運用管理ツールなど。

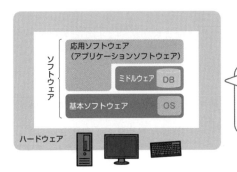

ハードウェアを基礎に、ソフトウェアは左図のように組み立てられています。

5
日目

1 コンピュータの構成

関連用語 基本ソフトウェア

$\underset{\text{オーエス}}{OS}$(Operating System)とは、アプリケーションソフトウェアとハードウェアの間で処理を仲介するソフトウェアです。
例えば、スマホアプリでゲームをしているときには、スマートフォンとアプリをOSが仲介しています

OSの種類には、Windows OS、Mac OS、UNIX、Linux、Android、iOSなどがあります。

関連用語 応用ソフトウェア（アプリケーションソフトウェア）

応用ソフトウェアは、特定の機能を利用するために、みなさんが実際に画面上で操作するソフトウェアのことです。
スマートフォン上でYouTubeアプリを選択して動画を視聴したり、パソコン上でメールソフトを開いてメールを送ったりするときなどは、応用ソフトウェアを操作していることになります。

関連用語 マルチタスク

マルチタスクとは、複数の作業（タスク）を同時並行し、切り替えながら実行できるシステムのことです。プログラムの実行中、CPUが待ち状態になった場合に、CPUを他のプログラム実行に割り当てることができます。
人間も料理をするとき、タマネギを火にかけながらニンジンを切ったり、ご飯を炊いたり、同時並行で作業を進めること（マルチタスク）ができますよね。

※反対に、シングルタスクとは、1つの処理が完了するまで、他の処理を待機させる処理方法です。入力待ちや通信待ちなど、CPUの待ち時間が発生するデメリットがあります。

**関連
用語** **オープンソースソフトウェア**（Open Source Software：OSS）

2日目（P.65）では、ソフトウェアには著作権が発生することを学習しました。ですが、なかには著作権フリーのソフトウェアや、**オープンソースソフトウェア**に分類されるものがあります。オープンソースソフトウェアとは、ソースコードが公開されていて、改良や再配布が自由におこなえるソフトウェアのことです。

□**改良**：OSSのソースコードは、自由に改良（機能の強化など）が可能です。OSSでないものは、ソースコードが公開されておらず、改良できません。

□**再配布**：OSSの改良によって付加価値を付けたのち、他のユーザに公開できます。改良したソフトウェアを有料で販売することも可能です。

オープンソースソフトウェア（OSS）の代表的なものを押さえましょう！

用途	ソフトウェアの名称
Webブラウザ	ファイアーフォックス **Firefox**
電子メール	サンダーバード **Thunderbird**
OS	リナックス　アンドロイド **Linux、Android**
データベース	マイエスキューエル　ポストグレスキューエル **MySQL、PostgreSQL**
Webサーバ	アパッチ **Apache**
プログラミング言語	ジャバ　ピーエイチピー　パイソン **Java、PHP、Python**

2 いつも身近なネットワーク

インターネットの登場により、私たちの生活は劇的に便利になり、離れていてもリアルタイムに情報を届け合うことができます。
リモートワークで一躍有名になったZoomビデオコミュニケーションズ社の創業者エリック・ユアン氏は、学生時代にガールフレンドと遠距離恋愛をした経験から、ビデオミーティングサービス「Zoom」を開発したそうですよ！

キーワード　#テクノロジ系　　#ネットワーク　　#ねずみ講じゃないよ

2-1 インターネット接続

▶ YouTube

POINT!

・家の中やオフィスの狭い範囲内のインターネット接続には「LAN」が利用されます。
・「WAN」は、LANよりも広い範囲での接続に利用されるため、自前で引くことはできません。

　私たちが「インターネット」を利用するときについて考えてみましょう。パソコンやスマートフォンを買ったばかりのとき、まずは<u>**ネットワーク**</u>に端末を接続するところからスタートします。
　ネットワークには、<u>何かと何かをつなげる</u>という意味があります。IT業界でのネットワークとは、<u>情報（またはデータ）をつなぐ</u>ことを意味していますね！

■ LAN と WAN

　私たちが一言で「ネットにつなぐ」と表現するとき、**LAN**という狭いネットワークの範囲のことを指しています。ですが、パソコンからLANに接続されたその先には、**WAN**というネットワークの基地局につながる種類も存在します。まずは、この違いを詳しく見ていきましょう！

種類	概要	イメージ
LAN (Local Area Network)	狭い範囲でコンピュータ間の通信を実現するネットワーク。LANの利用は、機器同士の距離が短く、状況に応じて接続する機器が異なるため、個人でLANの接続設定をおこなうことが多い。	パソコンからプリンタに接続したり、オフィス共用のネットワークに接続したりするときは、LANが利用されている。
WAN (Wide Area Network)	広い範囲でコンピュータ間やLAN同士を接続したネットワーク。LANと異なり、WANは広域にわたる通信をおこなうため、基本的に自前でネットワークを引くことができず、通信会社のネットワークを借りて利用することになる。	パソコンからつないだ共用ネットワークの先は、WANで接続される。また、スマートフォンからは基地局の「WAN」と直接つながっている。

関連用語

5G

　5Gは、高速・大容量、低遅延、多数端末との接続が可能な無線ネットワークという特徴をもちます。従来の4G(LTE)と比較しても、広帯域伝送により多くのデータの伝送が可能です。また、広帯域を確保するために高周波数帯を利用しています。

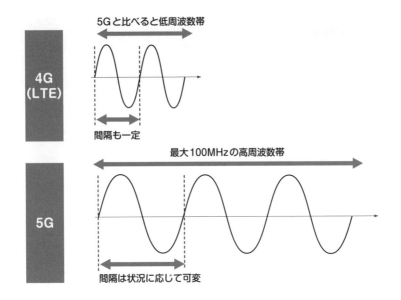

5Gと比べると低周波数帯

4G
(LTE)

間隔も一定

最大100MHzの高周波数帯

5G

間隔は状況に応じて可変

関連用語 テザリング

テザリングとは、モバイルデータ通信ができる端末（スマートフォン等）を利用し、ノートパソコンやタブレット端末、ゲーム機などをインターネットに接続できる技術です。

関連用語 MVNO (Mobile Virtual Network Operator：仮想移動体通信事業者)

MVNOとは、格安スマホや格安SIMのサービスを提供している通信事業者（携帯電話会社）のことです。NTTドコモ、au、ソフトバンクの3社（3大キャリア）は自前で通信設備をもっているのに対し、MVNOでは無線通信インフラを**MNO（3大キャリア）から借り受けて**サービス提供をしています。

MVNOは3大キャリアから回線を借りる際、一度に使えるデータの量を決めることで、全体の通信量がその範囲内になるよう制限されます。そのため、格安になることと引き換えに、ネットワークが混み合う時間帯には通信速度が遅くなるというデメリットもあります。

1MBあたりの利用量ごとにレンタル

人件費や手数料を削ってユーザに安く提供

MVNOでは、UQモバイルや、Y!モバイル、楽天モバイルなど、みなさんがCMなどで見聞きしたことのある多くの企業（キャリア）が格安通信を提供しています！

関連
用語

SIM カード

SIM カードとは、携帯キャリアの加入者を特定するための、ID番号が記録されたIC カードのことです。3大キャリアでもMVNOでも、キャリア契約をする際に付与されます。みなさんも、スマートフォンの買い換え（または新規購入）の際に、一度は見たことがあるでしょう 💡

できること
・携帯電話回線を
　使った通話
・データ通信
・SMS

■ ブロードバンド

ブロードバンドとは、広域帯で高速大量通信を提供する通信回線の総称です。ブロードバンドにはFTTH（光ファイバによる家庭用通信回線）やADSLなどの通信方式の種類があります。ブロードバンドが広域になればなるほど、通信速度は速くなります。

また、ブロードバンドはインターネット等を利用するための「道」のことで、この道をつくる企業が「回線事業者」です。ただ道をつくるだけでは、誰もが利用可能となってしまい、ビジネスが成立しないことから、インターネットにアクセスできる人を管理する企業として**プロバイダ**が接続役となり、運用しています。

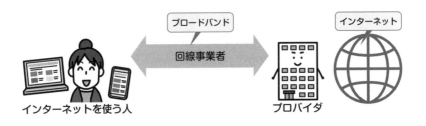

> Twitterなどで誹謗中傷を書き込まれたとき、その人の個人情報を特定するには、プロバイダに問い合わせ、情報開示を求めます。そのときにアクセスされていたIPアドレス（P.176）を特定し、その後、プロバイダが調査・報告をおこないます。通常、IPアドレスの情報だけでは、住んでいる国や地域などの情報のみで、個人を特定することは不可能です。

関連用語

LPWA（Low Power, Wide Area）

LPWA（エルピーダブリューエー）とは、消費電力を抑えて遠距離通信を実現する通信方式のことです。同じ低電力通信では、Bluetoothが10mほどの通信距離で実現可能ですが、LPWAの技術では10km以上離れた山間部や海上でも、一度の給電で多くのデバイスを同時接続して通信することが可能です。

■ Webブラウザ

　みなさんは、**Webブラウザ**という言葉を聞いたことはありますか？　Webブラウザとは、検索やURLの指定によりWebサイトを閲覧できるソフトウェアです。
　みなさんも使ったことのあるGoogle ChromeやSafariは、いずれもWebブラウザです。

●主なWebブラウザの種類

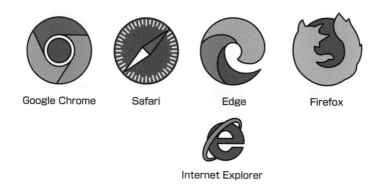

Google Chrome　　Safari　　Edge　　Firefox

Internet Explorer

関連
用語　**キャッシュ**

キャッシュとは、一度閲覧したWebサイトの読み込み情報(htmlやCSS)を保存するWebブラウザの機能のことです。キャッシュを利用することで、Webサイトを表示するスピードを速くしたり、サーバ側(P.174)に高負荷をかけることを避けたりします。
キャッシュにより、Webサイトが重かったり、更新(Webサイトの読み込み)が進まなかったりするときは、キャッシュクリア(キャッシュの削除)により、再度データの読み込みをおこなうことができます。
ちなみに、キャッシュとは「貯蔵庫(cache)」が語源で、現金(cash)とは異なります。

Cookie

Cookie（クッキー）とは、ユーザがWebサイトに訪問したときの**データを記録する仕組み**です。

この仕組みにより、ユーザのログイン情報を保持したり、ECサイトでの買い物カゴの情報を記録したりできます。

また、Webサイトのアクセス履歴など、ユーザの追跡に応用できる機能も含まれていることから、企業がインターネット広告を個別に表示させるためにCookieを利用します。

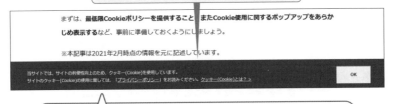

Webブラウザの下端にバーが表示される

まずは、最低限Cookieポリシーを提供すること、またCookie使用に関するポップアップをあらかじめ表示するなど、事前に準備しておくようにしましょう。

※本記事は2021年2月時点の情報を元に記述しています。

当サイトでは、サイトの利便性向上のため、クッキー(Cookie)を使用しています。
サイトのクッキー(Cookie)の使用に関しては、「プライバシーポリシー」をお読みください。クッキー(Cookie)とは？ >

OK

企業のCookie利用・提供について、本人の同意を得ることが、個人情報保護法によって成立（2020年6月）しました。

メール

WebブラウザのURLが、誰でもアクセス可能なオープンな住所（場所）なら、**メールアドレス**は、私たち個人が暮らすプライベートな家の住所に例えられます。

■ HTMLメール／テキストメール

まずはメール配信の種類を見てみましょう。メール配信のフォーマットは、**HTMLメール**と**テキストメール**の2種類に分かれます。

メールの種類	概要	イメージ
HTMLメール	・画像やURLを、ボタンやテキストリンクとしてメール上に表示できる[1]。 ・メールの開封率[2]の計測が可能で、ユーザ動向を把握できる。	
テキストメール	・テキスト（文字列）のみ。URLはそのまま記載することでリンクが有効になる。 ・メールの開封率は計測できない。	

[1]：メール本文に、画像などを表示できるのはHTMLメールのみですが、ファイル（画像やPDFなど）の**添付**（P.184「MIME」）は、どちらのメールフォーマットでも可能です。

[2]：メールの開封率とは、複数人にメールを送った際、そのうちの何%がメールを開封したかを示す値です。

また、メールを送る際の宛先の指定方法にも種類があります。メールを送るときの宛先指定画面を実際に見て、使い分けられるようにしましょう。

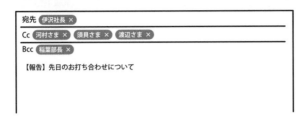

□**宛先(TO)**:
誰に宛てたメールか分かるようにするため、「あなたに送っています」の意思表示として入力します。
□**CC**(Carbon Copy:写し):
TOで送った人や関係者に、参考・情報共有できるように入力します。
□**BCC**(Blind Carbon Copy:気づかれないよう、隠された写し):
TOとCCの受信者に見えないように連絡するために入力します。他の受信者に表示されません。一斉送信の際に用いられることもあります。

関連用語

スパムメール

スパムメールとは、広告・宣伝目的のメールを、受信者の意向を無視して一方的に送られるメールのことです。以前、アメリカの食肉加工会社が豚肉の缶詰「SPAM」の名称を何度も連呼するCMを放送していたことから、しつこく送りつけられる迷惑メールのことを「スパムメール」と呼ぶようになったそうです。

そのため、2日目(P.70)で学習した「特定電子メール法」で定められたように、広告・宣伝目的のメールを配信する際には、事前にユーザの許諾を得ること(オプトイン)が必要になります。

5
日目

2

いつも身近なネットワーク

▶YouTube

2-2 ネットワークの通信の仕組み

> **POINT！**
>
> ・IPアドレスは、インターネットの世界の住所に例えられます。
> ・IPアドレスは、サーバとクライアントでやり取りをする際に利用されます。

2-1：インターネット接続（P.165）では、身近で聞いたことのある言葉も多かった「インターネット」に関する用語だと思いますが、ここからどんどんディープな世界に入っていきます…！

ここでは、ネットワークがいつでも・どこでもつながる仕組みについて学習していきます！

■ サーバとクライアント

私たちが普段使っているインターネットを使ったサービス（Webサイトやアプリ）は、インターネットを介して**サーバ**と通信しています。そして、サーバに指示を出す端末を**クライアント**といい、身近な例でいうとパソコンやスマートフォンがその役割を果たしています。

このとき、クライアントからサーバに「□□（Webサイト）を見せて！」と言うことを**リクエスト**といい、リクエストに応えてサーバからクライアントに情報を渡すことを**レスポンス**と呼びます。

> ハードウェア（P.144）の分野では、クライアント（パソコンやスマートフォン）とサーバは、いずれも「コンピュータ」に分類されますが、通信をおこなうときには、リクエストとレスポンスの関係が生まれます。

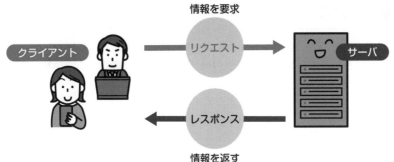

 シンクライアントシステム

シンクライアントシステムとは、クライアント側の機能を最小限にしたシステムのことです。ネットワークに接続することで、端末上で必要な情報にアクセスできます。

シン（thin）とは、「薄い」「厚みがない」という意味で、クライアント側（パソコンなど）の機能を最小限にして、サーバ側へ機能を寄せるシステム（仕組み）であることを意味します。

例えば、従業員が会社のパソコンを外部で紛失しても、メインの機能がクライアント側ではなくサーバ側に寄せられているため、セキュリティ被害を最小限に抑えることができます。

シンクライアントシステムの実装方式のうち、**VDI**（Virtual Desktop Infrastructure：仮想デスクトップ基盤）もセットで知っておきましょう。

■ ピアツーピア（P2P）

ピアツーピアの技術は、暗号資産（3日目P.97）などの**ブロックチェーン**で使われています。ピアツーピアの仕組みは、インターネットでWebサイトを見るときのように「サーバとクライアント」の形式をとりません。「**ノード**」と呼ばれる、P2Pネットワークに参加するコンピュータ間で必要なデータを共有し合っています。

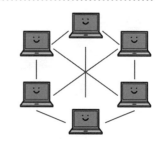

■ スタンドアロン（stand-alone）

スタンドアロンとは、単独でも機能する、ネットワーク接続が不要なコンピュータのことです。ネットワークにつながる機器とは対象的に、誰とも通信をおこなわない独立したシステムです。

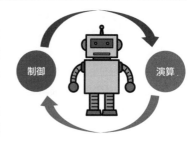

身近な例では、家電（Wi-Fiにつながるような最新式家電は除く）はスタンドアロン式です。

スタンドアロンのコンピュータの特徴は、USBなどの物理的な接触さえ避けられれば、セキュリティ面でのメリットが大きい点ですが、安全性と利便性のトレードオフであり、このシステム自体ができることには限度があります。

■ IP アドレス（Internet Protocol Address）

IPアドレスとは、クライアント（パソコンなど）やサーバの「どのネットワーク／コンピュータ」なのかを示します。IPアドレスは、インターネットの世界の「住所」に例えられることが多いです。

「サーバとクライアント」で学習したように、コンピュータ同士は**リクエスト**と**レスポンス**により情報を送受信することで成り立っています。このとき、「どこから」情報をリクエストされたのか、「どこに」情報をレスポンスするのか、コンピュータ（クライアントとサーバの双方）の住所を特定するためにIPアドレスが利用されます。

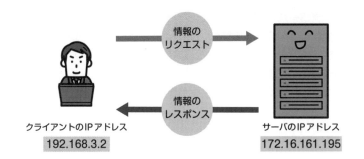

クライアントのIPアドレス	サーバのIPアドレス
192.168.3.2	172.16.161.195

関連用語 グローバル IP アドレス／プライベート IP アドレス

IPアドレスには、「**グローバルIPアドレス**」と「**プライベートIPアドレス**」の2種類があります。それぞれ、インターネットにつながるために必要なIPアドレスのため、役割を見てみましょう。

プライベートIPアドレス （ローカルIPアドレス）	グローバルIPアドレス
家庭や企業内で利用するネットワークの中で割り振られるIPアドレス。家庭や企業内で保有しているWi-Fiルータは複数のプライベートIPアドレスを所有している。 パソコンやスマートフォンからWi-Fiルータに接続する際、プライベートIPアドレスを割り振ることでWi-Fiルータに接続される。ローカルネットワーク内でのみ利用されるため、**割り振りが自由**にできる。	インターネットに接続する際に利用される、**全世界で一意となる**（重複しない）IPアドレス。 各端末にプライベートIPアドレスが割り当てられたのち、Wi-Fiルータからインターネットに接続するためにグローバルIPアドレスが利用される。 （Wi-FiルータはLANとWANを相互接続する装置であることが分かりますね！）
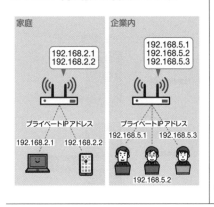	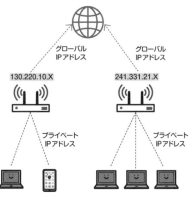

　また、グローバルIPアドレスとプライベートIPアドレスを１：１に紐付け
て変換する技術のことを**NAT**（Network Address Translation）といいま
す。NATにより、データの送受信時にプライベートIPアドレスとグローバ
ルIPアドレスの変換が可能となり、端末とネットワークをつなぐ道が１本
線になるよう導くことで、データが行方不明になることを防ぎます。

■ DNS サーバ

　IPアドレスがどんなものか分かったところで、問題です。
　Google JAPANのIPアドレスは「172.217.161.195」ですが、私たちはこ
の数字だけでは何のWebサイトに行き着くのか分かりません。では、どのように
してクライアント側から見たいWebサイトをリクエストしているでしょうか…？

　DNSサーバは、IPアドレスを私たちが文字として認識できるよう紐付けられた
ドメインへ変換してくれます。DNSは、Domain Name Systemの略で、ドメ
インからIPアドレスへ変換することを**名前解決**といいます。つまり、人間はURL
（≒ドメイン）でリクエストし、DNSサーバがクライアントに向けてIPアドレスを
レスポンスしてくれることで、私たちはWebサイトを見ることができているので
す！

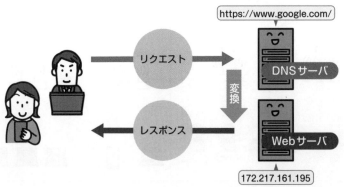

Webサイトを見るためには、クライアントとサーバの２つの
IPアドレスが利用されますが、サーバ側のIPアドレスに対して
DNSサーバが活用されています！

https://www.google.com/

リクエスト

DNSサーバ

変換

レスポンス

Webサーバ

172.217.161.195

また、URLは次のような命名規則（表記構造）で成り立っています。

URLとはWebサイトの住所であり、ドメイン名は下記のようにURL内部に組み込まれている「人間が認識可能なIPアドレス名」なので、包含関係にあることを理解しておきましょう！

プロトコル　ホスト名　　ドメイン名

https://www.it-sukima.com/

- -

URL

> www（ホスト名）はWorld Wide Webの略で、「Web」は元々、英語で「クモの巣」という意味です。「クモの巣のように世界中に情報を張り巡らせる」が由来だといわれています。
>
> また、「.com」は商用利用、「.co.jp」なら日本企業、「.ac.jp」なら日本の学校、「.go.jp」なら日本政府の提供サイトであることを分類しています。

5
日目

2

いつも身近なネットワーク

▶ YouTube

2-3 通信プロトコル

POINT！

・通信階層ごとに、決められた通信プロトコルを利用する「お約束事」があります。

・通信プロトコルを利用するために、通信階層ごとの「接続機器」が存在します。

プロトコル(protocol)とは、日本語で「条約」「協定」「約束事」を意味します。つまり、通信プロトコルとは、通信するときのお約束事です。

■ 通信プロトコルの約束事

TCP/IPは、インターネット通信で使われている通信プロトコルです。

昔は**OSI参照モデル**が先にあり、国際標準化機構(ISO)により策定されたコンピュータ通信機能を、7階層のモデルで示していました。メジャーなものは前者(TCP/IP)なので、こちらをしっかりと覚えましょう。

階層	OSI参照モデル	TCP/IP階層モデル	主なプロトコル	接続機器
第7層	アプリケーション層	アプリケーション層	HTTP／POP3／SMTP／FTP／SSH	ゲートウェイ
第6層	プレゼンテーション層			
第5層	セッション層			
第4層	トランスポート層	トランスポート層	TCP	
第3層	ネットワーク層	インターネット層	IP	ルータ
第2層	データリンク層	ネットワークインタフェース層	Ethernet／PPP	ブリッジ、スイッチングハブ
第1層	物理層			リピータ

プロトコルに必要な機能は何か	プロトコルにどのような機能を実装すべきか	各機能に対する接続機器

プロトコルのイメージ

　パソ太くんからパソ子ちゃんにお花を送りたいとき、花束を丸ごと配送業者に渡しても届けることはできないですよね。

　花束(情報)が崩れないようにしっかりと梱包し、宛先を指定した伝票をピタッと貼って、荷台に積んで運んでもらって…。ようやく、これでパソ子ちゃんの手元にお花を届けることができます！

　同様に、データを届けるときも、どのデータを、どのコンピュータに、そして、運んでも崩れないように送るために「通信プロトコル」が存在します！

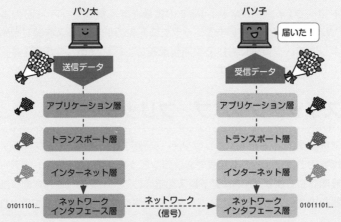

　また、ファイル(.csvや.pdfなど)を送るときはFTPプロトコルによって通信したり、メールを送るときはSMTPプロトコルによって通信する等、目的に応じて利用されるプロトコルは変わります。

関連用語

DHCP (Dynamic Host Configuration Protocol)

ディーエイチシーピー
DHCPとは、コンピュータにIPアドレス等を、プールしてあるIPアドレスから貸し出し、利用できるプロトコルです。パソコンなどからインターネットに接続する際、DHCPがないときは手動でIPアドレスの設定をおこなう必要があります。

通信プロトコルの表（P.180）のうち、「接続機器」の部分の機能と役割も知っておきましょう。

■ ゲートウェイ（gateway）

アプリケーション層（第4層）の接続機器です。**ゲートウェイ**は、規格の異なるネットワークを中継する機器で、「ネットワークの通訳者」といわれています。TCP/IPモデルのプロトコルのうち、最も端末の近くに物理的に位置しています。

■ ルータ（router）

ネットワーク（インターネット）層での接続をする機器で、P.166のように、LANとWANを相互に接続します。リクエスト先のIPアドレスを見て宛先を振り分け、ネットワーク接続における交通整理をしてくれます。英語で「道」を表す「route」が語源となっています。

■ スイッチングハブ／ブリッジ

データリンク（ネットワークインタフェース）層の接続機器です。スイッチングハブは、複数のコンピュータを接続でき、**コンピュータのLANポートにデータを転送**する機能をもちます。**MACアドレス**を認識してデータの行き先を割り当て、複数の機器を接続しても安定したネットワーク環境を構築するために利用されます。

□**MACアドレス**（Media Access Control address）：ネットワーク機器などに割り当てられた**世界で一意のアドレス**です。メーカ番号と製造番号で構成された48ビットのアドレスで、**ネットワークインタフェースカード**（NIC）と呼ばれる装置に記録されています。

MACアドレスフィルタリング

MACアドレスフィルタリングとは、事前に通してよいMACアドレスの許可（または拒否）リストを作成し、特定の機器のみを接続させることを目的とした機能です。他の機器の接続を拒否する機能により、無線LANのセキュリティ強化に利用できます。

■ リピータ

物理層の接続機器で、イーサネットで利用され、受信した信号を**増幅**して再送信します。データは、ネットワークに送り出すときに「信号」となり、この電気信号を増幅・分配させる役割をもちます。

 関連用語

ハブ

ハブには、**リピータハブ**と**スイッチングハブ**の2種類があり、複数端末接続時のデータの送り方に違いがあります。

リピータハブ	スイッチングハブ
受信データをすべてのLANポートに転送する(端末を区別しない)。リピータハブから転送されたデータは、端末を識別せずにデータを送り続ける。端末側で自分のデータであると判断すると、受信される。そうでない場合は、端末側で情報を無視する。	送信先の端末のMACアドレスを判定し、対象のLANポートにデータを転送する(端末を区別する)。大規模な組織では通信トラフィック量が多いが、スイッチングハブが対象者へ情報を出し分けるため、通信速度は速くできる。

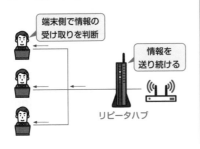

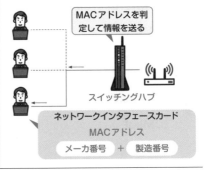

■ メール送信時のプロトコル

メール太郎くんからメル子ちゃんへメールを送るときに利用される通信プロトコル(SMTP、POP3：P.180表)を見てみましょう。特定のメールクライアントの利用者宛てに電子メールを送信するケースを考えます。

・メール太郎くん側のクライアント（パソコン）から、メールサーバAが宛先メル子ちゃんになっているときは**SMTP**プロトコルが利用されます。

・メールサーバAから、メールサーバBにメールを送るときは、同じくサーバが宛先になっているため、**SMTP**プロトコルが利用されます。

・メル子ちゃんのクライアント（スマートフォン）にメールが送られるときは、メールサーバBから受信するため、**POP3**プロトコルが利用されます。

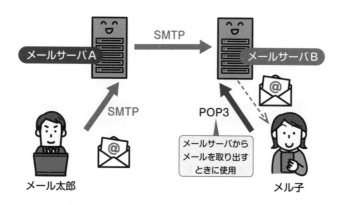

関連用語 MIME（Multipurpose Internet Mail Extensions）

MIMEとは、メールでテキスト（文字）以外の音声や画像を扱うためにつくられたプロトコルです。

関連用語 S/MIME（Secure / Multipurpose Internet Mail Extensions）

S/MIMEとは、メールに特化した暗号化技術（セキュリティの仕組み：6日目P.210）です。この技術により、メール本文の暗号化による**盗聴防止**、電子署名の仕組みによる送信元の身分保証（**なりすまし検知**）、暗号化と電子署名による**改ざん検知**をおこなうことができます。

S/MIMEはメール配信の元々の機能には備わっていないため、メールのセキュリティ環境の構築に利用されます。

今日の講義もおつかれさまでした！
それでは、明日のすきま教室でお会いしましょう 🖐

6日目

1 情報資産への脅威と対策

まずは、「情報セキュリティ」とは、どんなことを、どんな脅威から
守るために存在するのかを理解しましょう。
ここでいう情報セキュリティとは、インターネット上に配置された電
子的な情報を守ることを指しています。

キーワード #テクノロジ系 #脅威へのリスクヘッジ #私以外私じゃないの…？

▶ YouTube

1-1 「情報資産」は企業の宝(たから)

POINT!

・情報セキュリティマネジメントの3要素として、機密性・完全性・可
用性を理解しましょう。
・リスクマネジメントとは、情報セキュリティを脅かすリスクを予測・
管理することです。

1日目にも紹介したように、企業にとっての経営資源は、ヒト・モノ・カネ・情
報です。企業が保有するヒト・モノ・カネも、「社員を他社に引き抜かれないよう
に適正な給料を支払う」「誰かにとられない場所で管理する」「お金を銀行に預けたり
株式にして保有する」など、盗まれないための工夫がされています。

　情報も同じように、失ったり改ざんされたりしては困るため、さまざまな**脅威**か
ら守られています。

2日目の復習

　次の情報や権利などは、侵害されたり、改ざんされたり、誰かに盗まれたりしては困る「企業・個人の資産」として扱います。
- ・知的財産権で守られる著作権や産業財産権
- ・独占禁止法で定められる営業秘密
- ・個人情報保護法で守られる個人情報
　氏名、住所、勤務先、家族構成、音声(声紋)、指紋　など

■ 脅威の種類

　経営資源のうち、「**情報**」がどんな脅威にさらされているのか、大きく分けると3つに分類されます。P.191で詳細を学習しますが、まずは「3つの脅威」について、はじめに知っておきましょう！

□**人的脅威**：人による誤操作や、紛失・盗難、不正利用、怠慢など、「人」が原因となる脅威です。
□**物理的脅威**：地震・洪水・火災・停電などの天災、故障や悪意のある人物による破壊行為など、システムを動かす機器が物理的に動作できなくなる脅威です。
□**技術的脅威**：ネットワーク上の脆弱性(弱点)をついた不正アクセスやコンピュータウイルス、悪意のある第三者による攻撃(マルウェアやサイバー攻撃)など、技術的な手段による脅威です。

■ 情報セキュリティポリシ

　情報セキュリティポリシとは、企業の経営者が責任者となり、企業が取り組む情報セキュリティの方針(セキュリティ対策)を社内外に宣言する文書のことです。
　経営者層が定めた**基本方針**を上流に、情報セキュリティにおける目標を決め、それを元に具体策として何に取り組むのかの**対策基準**を定めます。最終的には、決めたことを実行できることが重要となるため、**実施手順**を現場の実働者に向けて手順書に落とし込みます。

6
日目

1 情報資産への脅威と対策

情報セキュリティポリシ

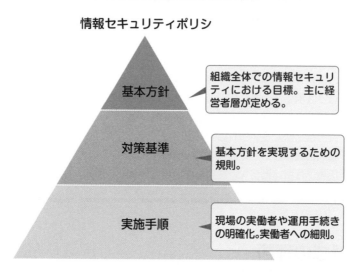

情報セキュリティマネジメントの3要素

　情報セキュリティマネジメントの3要素とは、機密性・完全性・可用性です。これらは、「どんな状態が保たれていれば、情報を脅威から守れるか」をかみ砕いた基準となります。

　この3要素は、すべてを完璧に満たさなければならないわけではなく、3要素をバランスよく確保した運用が望ましいことを示します。

> 組織の情報資産は、「維持・管理すべき特性」として
> **ISMS**(Information Security Management System：情報セキュリティマネジメントシステム)で定められています。
> ※ISMSの要求事項を定めた規格：JIS Q 27001（ISO/IEC 27001）

	概要	脅威（避けたい状態）
機密性	第三者に情報が渡らないよう、守りたい情報へのアクセスを制限すること。アクセス権限のある「許可された人」だけが情報を利用できる状態。**盗聴**や**漏えい**を防ぐことを機密性という。	・社内文書が社外の人に見られてしまう。 ・機密情報が格納されたUSBメモリが盗難に遭う。
完全性	情報が書き換えられない正確な状態を保つこと。第三者による改ざんや破壊が防げる状態。**改ざん**を防ぐことを完全性という。	・取引先企業に請求書データを送付したが、ネットワーク経由で悪意のある人物の改ざんに遭い、請求金額を書き換えられてしまう（不正アクセス・改ざんにより、本来維持したい情報でなくなる）。
可用性	必要なときに情報にアクセスできること。停電や災害などで情報が利用できないことを防げる状態。	・災害などにより、サーバが破壊される。

6日目 ① 情報資産への脅威と対策

　例えば、機密性を完璧に満たそうとして、社長しかアクセスできない場所に情報をしまい込んでしまうと、他の社員はその情報にアクセスできず、可用性を欠くことになってしまいます。情報を適切に活用できるよう、これら3要素は、バランスよく満たすことが重要となります！

■ リスクマネジメント

　リスク（risk）とは、日本語で「危険」「悪い事象が起こるおそれ」という意味です。**リスクマネジメント**は、企業活動のうち、情報セキュリティ等を脅かすリスクを予測・管理することです。

　リスクマネジメントでは、リスクが起こる前に、リスクのパターンと影響を予測・評価（**リスクアセスメント**）し、リスクが発生したときの対応策を検討します。

リスクアセスメント

リスクアセスメントとは、リスクの特定・分析・評価を元に、そのリスクが許容できるか否かを決定するプロセスのことです。リスクと捉えたことに対し、対応する場合はどんな優先順位で取り組むのか、対応しない場合は事業への影響がどの程度なのかを把握します。

種類	概要
リスク特定	リスクによって、どんな事象が起こるかを把握する。
リスク分析	リスクの性質を理解し、影響や損害の規模を想定する。
リスク評価	リスク分析の結果から、リスクが顕在化したときの対応基準や優先順位を定める。

リスクの対応策

リスクアセスメントで明確にしたリスクに対し、対応策を決めましょう。対応策は4点あります。実施すべきことの内容と、その違いを理解しましょう◎

種類	概要	事例
リスク回避	リスクが起こる原因を取り除くこと。	サーバが災害などで故障しても安全な別の場所にバックアップする。
リスク低減	対策をとることで、脅威発生の可能性を下げること。	情報漏えいに備え、保存する情報を暗号化しておく。
リスク移転	リスクを他者に移転すること。	リスクが顕在化したときに備え、保険に加入し、損失を補てんする。
リスク受容	リスクのもつ影響が小さい場合、対策をせずに許容範囲として受容すること。	ECサイト内で軽微なバグが発見されたが、ユーザの購入操作に影響がないため、リスクを受容する。

> 4つの対応策のうちのどれを選択するかは、リスクの影響が大きいほど「回避」する方向とし、影響が小さいほど「受容」する方向に持ち込まれます。

1-2 情報資産は脅威と隣合わせ

POINT!

・セキュリティの脅威は、人的・物理的・技術的の3つの脅威に分類されます。
・技術的脅威のうち、マルウェアはソフトウェア経由の攻撃、サイバー攻撃はセキュリティホールをついた攻撃のことです。

情報資産は、企業の宝であるからこそ、たくさんの脅威から「守ってあげる」ことが必要です。（情報は、温室育ちの箱入り娘ちゃん扱いなのです👶）

そこで、そもそも「**何から守ってあげればいいの？**」を整理した脅威の原因が、**人的脅威**、**物理的脅威**、**技術的脅威**の3つの脅威となります。

■ 人的脅威

人的脅威とは、人が原因となって起こる脅威のことです。例えば、誤操作によるデータ消失や、内部関係者によるデータの持ち出し（盗難）、パソコン画面をのぞき見されるなどは、すべて**人**によるうっかりミスや不注意に起因します。

□**クラッキング**：悪意をもった人がコンピュータに不正に侵入し、犯罪行為（データの改ざんや盗難）をはたらくことです。よく耳にする「ハッキング」という言葉は、正式にはコンピュータに熟知した専門家が広くエンジニアリングをおこなうことを意味しており、コンピュータ犯罪に限定したハッキング行為をクラッキングといいます。（crackは英語で「欠陥」を意味します）

□**ソーシャルエンジニアリング**：人間の心理的な隙をついて機密情報を入手することです。技術的な知識が不要な情報盗犯の手法です。ITパスポート試験で覚えるべきソーシャルエンジニアリングのパターンは、**ショルダーハッキング**と**トラッシング**です。（▶次ページ）

6
日目

1

情報資産への脅威と対策

ショルダーハッキング

ショルダーハッキングとは、操作している
パソコンの画面を後ろからのぞき見して情
報を得る方法です。「ショルダー
(shoulder：肩)越しにハッキングする」の
意味から、ショルダーハッキングと呼ばれ
ています。

IDやパスワードの入力、ECサイトでのクレジットカード番号の入力など、重要な情報を入力する際には周囲に注意する必要があります。また、パソコンやスマートフォンに**のぞき見防止フィルム**を貼ることも有効な手段です。

トラッシング

トラッシングとは、ゴミ箱に捨てられた資料や、記憶媒体(パソコンやUSBメモリなど)から、情報を探し出し、悪用することを指します。これにより、企業のネットワーク関連情報(サーバやルータの設定情報、IPアドレスの一覧)を得て、外部ネットワークから不正アクセスするための情報を収集するケースもあります。

トラッシング対策として、紙資料による機密情報
はシュレッダーにかけて廃棄する、機器の廃棄時
はデータが復元されないようにデータを完全消去
する等が必要です。

宅配便が自宅に届いたとき、住所が書かれた伝票
部分を切り離してダンボール箱を処分することと
同じ対応ですね！

■ 物理的脅威

物理的脅威とは、ネットワークに関わる機器が物理的に破壊されたり、妨害されたりすることを指します。例えば、地震・洪水・火災や、機器の経年劣化・故障、侵入による窃盗なども含みます。

物理的脅威は、あらかじめ対策できることが決まっているため、脅威とセットで理解しておきましょう◎

脅威	対策
災害（地震・洪水・火災など）	ファシリティマネジメント／バックアップ（6日目P.206）
機器の経年劣化	メンテナンス（4日目P.141）

■ 技術的脅威

　技術的脅威とは、技術的な手段によって引き起こされる脅威のことです。他人のコンピュータの情報を盗聴・改ざんするだけではなく、いたずら目的でアクセスできなくさせたり故障させたりなど、さまざまな毀損をもたらします。

　技術的脅威はさまざまな内容があるため、今回は**マルウェア**と呼ばれるものと、**サイバー攻撃**について解説します。

マルウェア
ファイルやソフトウェアを経由して
コンピュータに侵入・攻撃

サイバー攻撃
システムやネットワークに存在する
セキュリティホールをついた攻撃

■ マルウェア（malware）

　マルウェアとは、「malicious：悪意がある」と「software：ソフトウェア」を組み合わせた造語です。コンピュータを不正に動作させる意図で作成された、悪意のあるプログラムやソフトウェアのことを指します。

● コンピュータウイルス

　他のパソコンを攻撃したり、情報を盗んだりする目的で、悪意のある人間によって意図的につくられた不正なプログラムのことをいいます。プログラムの一部を書き換えて**自己増殖**するマルウェアで、単体では存在できず、既存のプログラムの一部を改ざんして入り込むことで存在します。

　よく、ユーザに不利益を与えるプログラムやソフトウェアをひっくるめて「コンピュータウイルス」と呼びますが、本来は「マルウェア」の1つに分類されるものです。

　また、自分の分身をつくって増えていく様子が、病気の"ウイルス感染"に似ていることから、「ウイルス」という名称になったとされています。

● ワーム

　自己増殖するマルウェアの一種です。自身を複製して感染していく点はコンピュータウイルスと同じですが、ウイルスのように他のプログラムに寄生せず、**単独で存在可能**です。自分で自分を複製し、イモムシのようにネットワーク内を這い回るイメージから、ワーム（虫）と呼ばれます。

　ネットワークに接続しただけで拡散・感染することもあるので、ワームに感染したことが分かったらLAN（無線でも有線でも）から即刻切り離し、他の端末への感染を防ぎましょう。

コンピュータウイルスやワームは、インターネット上の悪意のあるフリーソフトや、メールの添付ファイルに仕込まれていることがあります。「本当にそのファイルは必要なのか？」をよく考えてコンピュータ上で展開しましょう。

● スパイウェア

　ウイルスやワームのような自己増殖機能はもたず、コンピュータに潜入してスパイ行為（盗聴など）をおこなうためのソフトウェアです。情報収集が目的なので、ユーザに"不利益を与えていること"を気づかせず、コンピュータに「いかに長く潜伏できるか」を重要視しています。

　スパイウェアも、ユーザが気づかないうちにパソコンにインストールしているケースが多く、目立った悪事をはたらかないため、**ユーザ自身が被害に遭っていることに気づきにくい**特徴があります。

● トロイの木馬

　好意的なプログラムのように見せかけ、ユーザの端末に潜伏するのが特徴です。「トロイの木馬」は、木馬の中に兵士を入れて攻撃対象の街に潜入したというギリシア神話から名前が付けられています。

トロイの木馬	バックドア
トロイの木馬は、一見悪意のない ソフトウェアに見せかけて コンピュータに侵入する	感染したコンピュータに攻撃者が自由に アクセスできるバックドアをつくる ケースもある

　トロイの木馬は、感染させたコンピュータにアクセスできるようにする**バックドア**をつくるケースがあり、攻撃者は他人のコンピュータに自由に侵入することが可能になります。

　スパイウェアと同様、ユーザに危険と思われないよう侵入する性質がありますが、スパイウェアとの違いは情報の盗聴だけではなく、新たなマルウェアのインストールを勝手におこなったり、保管したいデータやプログラムの破壊や改ざんをおこなったりする点です。

> スパイウェアやトロイの木馬による「情報の盗聴」は、デスクトップ画面の撮影、キーボードからの入力情報の記録によるIDやパスワードの取得など、感染したコンピュータに保管されている個人情報にアクセスすることです😊
> また、スパイウェアもトロイの木馬も、それ自体がソフトウェアであるため、原則として自身を複製して他のコンピュータに感染を広げる可能性はありません。

● ボット

　複数のコンピュータに感染し、攻撃者による遠隔操作や、指示を受けたタイミングで攻撃や盗聴をおこなうプログラムのことです。通常の「コンピュータウイルス」は侵入に成功した直後からプログラムに従って動作します。

　ここでいう「**ボット**(bot)」は、パソコンに悪質な影響を与えるウイルス性の有害なボットを指します。ボットをパソコンに入れてしまうきっかけは、悪意のあるWebサイトにメール経由でアクセスしてしまう、セキュリティ対策がおこなわれていないパソコンがネットワーク経由で感染してしまう等です。

● ランサムウェア

　ランサム(ransom)とは、**身代金**を意味します。攻撃者は、悪意のあるWebサイトやスパムメールから、ランサムウェアに感染させます。
　ランサムウェアは、ユーザがコンピュータのシステムにアクセスすることを制限し、制限を解除するには身代金を支払うように要求するソフトウェアです。仮に身代金を支払ったとしても、解除されないケースもあります。

> みなさんも"無料"を強調したWebサイト(本来なら有料級に見せかけた情報など)にうっかりアクセスし、こうした被害に遭わないように注意してくださいね…！

関連用語　ウイルス対策ソフト

　ウイルス対策ソフトとは、マルウェア、コンピュータウイルス、ワーム、スパイウェアなどの脅威を検知・除去するために開発されたソフトウェアです。
　攻撃者は、一見無害に見える不正なソフトウェアを使い、気づかれることなく個人情報や金融情報にアクセスします。攻撃者は、個人の大切なデータや企業の保有する情報資産など、さまざまなお金につながるデータ(情報)を狙います。これを保護するため、ウイルス対策ソフトが利用されます。

■ サイバー攻撃

　マルウェアはコンピュータに入り込むことで対象者を攻撃していたのに対し、**サイバー攻撃**はシステムやネットワークに存在する**セキュリティホール**をついた攻撃のことです。セキュリティホールとは、プログラムの不具合や設計上のミスが原因で発生した**情報セキュリティ上の欠陥**です。

● DoS 攻撃 (Denial of Service attack：サービス不能攻撃)

稼働しているサーバに**過剰な負荷**(トラフィックをむやみに増加させる等)
をかけ、Webサービスの運営を妨害する攻撃のことです。

攻撃の対象は、個人が利用するコンピュー
タではなく、サーバを運用している企業や個
人事業主です。そのため攻撃者は、攻撃対象
のWebサイトの競合(企業や個人事業主)で
あることが多いです。

DoS攻撃は、単純にいうと「嫌がらせ」
です。

> Webブラウザを立ち上げて「F5」を連打すると、リ
> ロード(再読み込み)が繰り返されます。これを、人間
> ではなくコンピュータに代替させることでも、DoS攻
> 撃は実行されます。この攻撃を**複数のコンピュータに
> 代替**させた上で、実行することを**DDoS攻撃**といい
> ます。(▶関連用語)

**関連
用語**

DDoS 攻撃(Distributed Denial of Service attack：分散型サービス不能攻撃)

DDoS攻撃とは、複数のコンピュータから同時に攻撃(過剰な負荷をかける)
を受けることです。通常のDoS攻撃は、拠点が1か所からの攻撃を指すた
め、攻撃者のIPアドレスを特定してブロックして対処できました。

一方で、DDoS攻撃は、**攻撃者のIPアドレスが複数**にわたる(攻撃者が次々
と変わる)ため、選択して特定のIPアドレスをブロックすることが非常に難
しくなります(対策はP.217の**IDS**で解説)。

6
日目

1

情報資産への脅威と対策

● クロスサイトスクリプティング

ユーザが、悪意のあるWebサイトや迷惑メールにあるURLを開くだけで効力を発揮します。この攻撃により、URLを開くと同時に悪意のあるスクリプト(プログラム)が動作し、Cookie(5日目P.171)のデータが盗まれたり、不正ログインの被害に遭ったりします。

Webサイト(掲示板サイトなど)   **迷惑メール**

クロスサイトスクリプティングを引き起こすには、次のようにメールや掲示板などを利用した**フィッシング**によっておびき寄せることが一般的です。

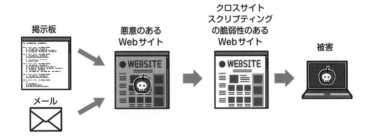

● SQL インジェクション

「SQL」とは、関係データベースからデータを取り出すこと等を可能にするための言語です(7日目P.250)。Webサイトへのログインなどに使用するIDやパスワードも関係データベースで管理されており、登録されている情報と一致したらログイン許可を返すという仕組みです。

SQLインジェクションは、ログイン操作時の入力フォームを利用し、**SQLの構造上の脆弱性**をついて、データベースに対する命令文を改ざんし、意図しない操作をさせる行為です。

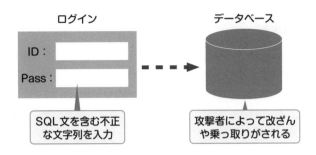

※概略図です。通常は直接データベースに行くことはありません。

> 多くの場合、SQLインジェクションへの基本的対策はすでに普及しており、対策不足で脆弱性のあるシステムがこの被害に遭いやすいです。
> →対策には、WAF（P.217）の仕組みを利用します。

● ID・パスワードの不正ログイン手法

　ネットワークを介して情報を盗聴するケースもあれば、「数打ちゃ当たる」の考え方で実行されることもあります。**辞書攻撃**、**総当たり攻撃**、**パスワードリスト攻撃**は、「数打ちゃ当たる」の代表的な**不正ログイン手法**のため、みなさんが被害に遭わないためにも学習しておきましょう！

辞書攻撃
辞書などから単語を予測してIDやパスワードを入力していく

総当たり攻撃
パスワードを力ずくでかたっぱしから入力していく

パスワードリスト攻撃
他のサービスのIDとパスワードが使い回されているかを試す

○ 辞書攻撃

IDまたはパスワードのどちらか一方が特定できたとき、辞書や人名リストなどに掲載されている単語を組み合わせ、もう一方(パスワードまたはID)を推測する不正ログイン手法です。

推測されやすい文字列をパスワードにすると、辞書攻撃で突破されやすくなるため、相手に予測されづらいパスワードにしたり、英大文字・小文字、数字、記号を組み合わせた、**ある程度の長さのパスワード**にしたりすることで、この攻撃を回避しやすくなります。

○ 総当たり攻撃（ブルートフォース攻撃）

パスワードなどを力ずく(総当たり攻撃)で、かたっぱしから試して見つける不正ログイン手法です。とくに数字だけで構成されているパスコード(スマートフォンのロック画面など)は、組合せパターンが比較的少ないことから、総当たり攻撃により突破されやすくなります。「Brute-Force」とは「～を力ずくでおこなう」という意味です。

総当たり攻撃を避けるため、誤ったパスワードを使って複数回入力すると、入力制限がかかり、**一定時間はパスワードを入力させない**機能を付けることがサーバ側の回避策です。ユーザ側としては、システムを利用する本人がパスワードを忘れない限りは、情報を守れる安全な機能といえます。

○ パスワードリスト攻撃

攻撃対象のWebサイトとは異なるWebサイトで利用されているIDやパスワードを入手し、当該サイトでログインを試みて不正にログインする手法です。複数のWebサイトでIDやパスワードを使い回す傾向をついた攻撃手法です。どのWebサイトから情報が流出するか読めないため、**複数サイトでのIDやパスワードの使い回しは避ける**ことが望ましいです。

1-3 認証アクセス管理

POINT!

・本人確認で利用される「ログイン」の方法は、IDとパスワードだけで
　はありません。
・認証アクセス管理は、情報を守る方法の１つです。

　認証アクセス管理（ユーザ認証）とは、そのシステムを利用する人が本当に本人な
のかの確認をおこなうための管理機能です。
　「1-2 情報資産は脅威と隣合わせ」では、情報がどんな脅威にさらされているか
を学んだため、ここではどのように情報を守るかを学習します。

■ ID・パスワード

　IDとパスワードの組合せが正しく入力されることで、本人であることを確認し
ます。ユーザ認証をおこなう最も基本的な手法です。
　IDは個人を識別するものなので、他人に知られても問題ありませんが、パスワー
ドは「本人しか知らないもの」である前提から、他人に知られてはいけません。

> パスワードを決めるときには、次のポイントに注意しましょう！
> ・名前や誕生日など、個人情報から推測できないこと
> ・英単語をそのまま使用したり、類推されやすい並び順や短い文字列に
> 　しないこと(アルファベット、数字、記号が混在しているとよい)
> ・他サイトで使っているパスワードと同じものを使い回さないこと

6日目 ❶ 情報資産への脅威と対策

■ バイオメトリクス認証 (生体認証)

バイオメトリクス認証とは、身体的特徴によって本人であることを確認する手法です。この手法は、利用者がID・パスワードを記憶する必要がない利点がありますが、この認証の欠点として、けがや病気、先天性欠損などによって生体認証ができない人への対応が進んでいないことにあります。

> 実用例として、次の身体的特徴で個人を識別することが可能です！
> 指紋、瞳の中の虹彩、静脈(指や手のひらなどの血管の形を読み取る)、
> 声紋　など

■ コールバック

コールバックとは、セキュリティ機能を高めることを目的に、認証作業のオプションとして組み込む機能です。

　IDとパスワードを設定するときに、コールバックで利用できる電話番号を設定します。IDとパスワードの登録先サーバから、設定された電話番号に**かけ直し**(**コールバック**)、実在するクライアントからのアクセスを確認します。

ID・パスワードによるログインが成功したあと、システムから携帯電話などに電話をかけ、ログインしたことを再確認する

よろしければ
シャープ(#)を
押してください

LOGIN

■ ワンタイムパスワード

ワンタイムパスワードも、コールバックと同様、セキュリティ機能を高めるために認証作業のオプションとして組み込む機能です。IDとパスワードが確認できたあと、ダブルチェックを目的に利用されます。

ワンタイムパスワードは、一時的に確認が可能な**使い捨てパスワード**を認証のために入力させます。この使い捨てパスワードは、サービスの利用者が**トークン**というパスワードを生成する専用端末を保有するか、スマートフォンで専用アプリをインストールする等により確認できます。

画像提供：iStock.com/tommaso79

■ マトリクス認証

マトリクス認証とは、ユーザのログイン画面に表示された「位置と順番」と、手元にあるマトリクス表(乱数表)に一致する文字列を入力することで、ワンタイムパスワードに近い認証をおこなうことができます。

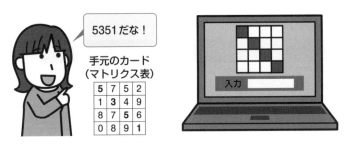

6日目

1 情報資産への脅威と対策

■ シングルサインオン （Single Sign On）

シングルサインオンとは、1回のユーザ認証により、独立した複数のサービスに
ログインできる機能のことです。この機能により、ユーザはWebサイトごとにID
とパスワードの組合せを入力する必要がなくなります。

　例えば、Facebookに一度ログインすると、スマートフォン上の他のアプリで
「Facebook連携」機能を利用し、IDとパスワードを再入力することなくログイン
を実行できます。

■ アクセス権限の設定

アクセス権限を設定することも、情報管理の重要事項の1つです。とくに企業内
のシステムでは、アクセス権限を設定することで、情報管理を徹底します。

　「アクセス不可」「閲覧のみ」「編集可（加筆・修正・削除）」などに権限を分けるこ
とで、見てほしい人に情報を確認してもらったり、作業ミスなどによる情報の書き
換えを防ぐことができます。

●アクセス権限設定の例

	一般社員	部長	経営・役員
社内広報	編集可	編集可	編集可
人事情報	閲覧のみ	編集可	編集可
外部企業のM&A情報	アクセス不可	閲覧のみ	編集可
…	…	…	…

ディジタルファーストな現代企業では、従業員一人ひとりにスマートフォンやタブレット端末などのモバイル端末を貸与し、業務で利用させるケースも増えています。

ここでは、テレワークが進む現代で、企業にとって必要な**端末の管理方式**を見てみましょう。

■ BYOD (Bring Your Own Device：私物デバイスの活用)

BYODとは、従業員が個人で保有するパソコン、スマートフォン、タブレット端末などのIT機器を業務に使用することを指します。

例えば、**企業で利用するメールサーバに、個人のスマートフォンからでもアクセスできるようにする**等です。（BYOD未導入の場合、企業が貸与したパソコンからのアクセスしかできないことが一般的です）

BYODの登場により、オフィス以外の場所でも、使い慣れたデバイスでメールなどの事務作業を済ませることができ、従業員の個人作業の利便性が上がることが期待されます。

■ MDM (Mobile Device Management)

MDMとは、従業員が業務で使用するパソコン、スマートフォン、タブレット端末などを管理できるソフトウェアのことを指します。

例えば、市販のiPadに、その企業で管理するためのMDMソフトをインストールすると、その端末は企業の管理下で従業員が利用できるようになります。

MDMでできることには、次のようなことが挙げられます。
- ・端末の紛失・盗難に遭った場合、遠隔操作でのロックやデータ削除
- ・業務で利用するアプリケーションの一括管理やOSのアップデート
- ・ユーザの利用ログ・アカウント管理

6
日目

1 情報資産への脅威と対策

1-4 ファシリティマネジメント

> **POINT!**
>
> ・ファシリティマネジメントにより、システムの安定稼働ができる環境を維持できます。
> ・企業活動を継続するための経営管理の考え方に、BCMとBCPがあります。

　ファシリティマネジメントとは、システムが安定して稼働できるように設備 (facility)を管理(management)することをいいます。

　システム稼働時、その情報は基本的にサーバで管理されますが、そのサーバ自体が災害や故障、経年劣化をすると、システム自体が使えなくなってしまいます。（ちょっとしたバグを修正するのとはわけが違いますね…！）

　このパートでは、システム運用を**物理的脅威から守る活動**を学習します。

■ 企業活動を継続する手法

　まずはシステムの稼働以前に、企業活動を継続するための経営管理の考え方として、**BCM**と**BCP**を学習しましょう。不測の事態が発生したときの事前準備を徹底することで、的確な行動をとることができます！

□**BCM(Business Continuity Management：事業継続管理)**
　災害などが発生しても、事業を継続できるように、方針・対策・実行ができる状態をつくること。
□**BCP(Business Continuity Plan：事業継続計画)**
　災害などが発生しても、不測の事態を予測し、計画を立てること。

 コンティンジェンシープラン (contingency plan)

　コンティンジェンシープランとは、災害やシステム障害など、発生が不確実な事象のうち、すでに特定されているリスクに対し、仮にリスクが顕在化し

た場合の行動計画を立てることです。

コンティンジェンシープランの例として、次のものが挙げられます。

□**災害時における対応策**：システムの二重化や分散、停電に備えた自家発電
  装置、停電時も利用可能な電源装置(UPS)など

□**システム障害における対応策**：バックアップの保持、リリースの切り戻
  し、システム停止など

■ 有事に備えたシステム稼働

ファシリティマネジメントでは、災害やシステム障害などへの対応のために、シ
ステムの構成にも工夫を施します。

システム形式	説明	
デュプレックス システム （Duplex System： 複式のシステム）	メインで動作するコンピュータと、故障に備えて待機するコンピュータによるシステム構成のこと。予備のコンピュータを用意することで、災害や故障などが発生しても、切り替えてシステム稼働を継続できる。 また、1つのコンピュータだけで稼働するシステムを**シンプレックスシステム**という。	メイン稼働 故障に備えて待機
デュアルシステム （Dual System： 2系統のシステム）	2つのコンピュータが同時に処理をおこない、結果を照合して正しさを確認するシステム構成のこと。2つのコンピュータは精度を担保するために同じ処理をおこなう。 例えば、一方のコンピュータが故障して誤った結果を出しても、もう一方が正しい結果を出していれば、結果が一致しないことによって異常を検知できる。 ※結果の正しさを担保するための2台構成であり、処理能力が2倍になるわけではないので、試験での引っかけ問題に注意しましょう！	2つ同時に同じ処理をし、結果が合致するか確認！

6
日目

1

情報資産への脅威と対策

■ バックアップ

バックアップとは、通常使用している補助記憶装置と合わせ、別の補助記憶装置にデータの予備をとっておくことです。

いつ発生するか分からないシステム障害に備え、企業で管理する情報は、その都度バックアップ（予備データ）をとっておくことで、貴重な情報資源であるデータの紛失を防ぎます。

有事に備えたデータ管理として、ITパスポート試験ではバックアップの方法を3つ覚えましょう。

バックアップ方法	説明
フルバックアップ	すべてのデータをログとして残す（バックアップする）こと。定期的に毎回全量を取得する。 例えば、4日目時点のデータが誤っていた場合、3日目時点にフルバックアップしたデータをそのまま利用可能。ただし、管理するデータ量が膨大になり、経過日数が増えるほど管理コストがかかる。 1日目　2日目　3日目　4日目　…
差分バックアップ	一度フルバックアップをおこなったのち、そこからの追加・変更の差分をバックアップすること。 最初におこなったフルバックアップを起点に、日々の差分を溜めていくため、フルバックアップより管理コストがかからない。切り戻すときは、フルバックアップを起点に差分を変更する。 フルバックアップ　1日目　2日目　3日目　4日目　…
増分バックアップ	前回のバックアップから、新たに追加・変更された増分のみをバックアップすること。 日々の差分のみを取得するため、1回あたりのバックアップ量を抑えることができるが、切り戻すときはデータをつなぎ合わせる作業が発生するため、有事のときに手間がかかる。 1日目　2日目　3日目　4日目　…

トランザクション処理

トランザクション処理とは、一連の処理の流れを1つのまとまりとして扱う処理単位のことです。例えば、「ECサイトで商品購入の処理をして購入完了ページが表示される」といった流れを1つの単位としてトランザクション処理といいます。

 ## ロールバック

ロールバック(rollback)とは、「巻き戻し」を意味します。トランザクション処理やデータベースの更新途中に、システムが異常終了した場合、データの欠損などが起こり得ます。そうしたときに、正しい状態の段階まで巻き戻すことをロールバックといいます。

6日目

1 情報資産への脅威と対策

2 ネットワークを技術で守る

インターネットでの情報のやり取りは、正しく、プライバシーを守り
ながら、安全に利用したいですよね。
ネットワークのセキュリティである「暗号化技術」とは、やり取りす
るデータをネットワーク上で保護する技術なのです！

キーワード	#テクノロジ系　　#暗号化技術　　#暗号と復号

2-1 暗号化技術とは

POINT！

・暗号化技術により、盗聴・改ざん・なりすましの脅威から情報通信を
　守ります。
・暗号化の方法には、共通鍵暗号方式と公開鍵暗号方式の２種類があり
　ます。

　インターネットの世界では、不特定多数の人が、さまざまなサーバと通信をおこ
なっています。このとき、すべての人が公正にインターネットを使っていればよい
のですが、必ずしもそうではありません。

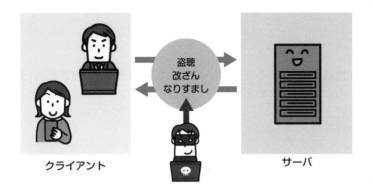

ネットワークを経由する途中で、攻撃者による盗聴や改ざん、なりすましのリスクはいつも付いて回ります。そのため、**暗号化技術**により、当事者以外の人がネットワークの途中で容易に解読できないようにして、攻撃者によるリスクから情報を守ります！

暗号化と復号

暗号化技術では、誰もが読める状態の情報を**平文**、誰にも読めない状態の情報を**暗号文**といいます。そして、平文を暗号文に変換することを**暗号化**、暗号文を平文に戻すことを**復号**といいます。

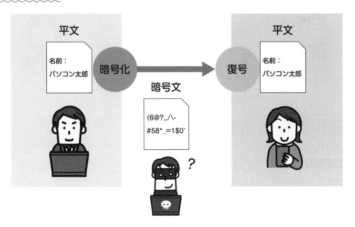

上図のように、パソコン太郎くんが送りたい情報（平文）を送信時に暗号化し、ネットワーク上では解読が困難な状態にします。そして、正しい受け手側で復号できる状態にします。

6日目

2 ネットワークを技術で守る

　このように暗号化技術は、ネットワーク上のデータが途中で脅威にさらされることから守ります。

　暗号化技術を利用したセキュリティ対策には、「**共通鍵暗号方式**」と「**公開鍵暗号方式**」の2種類があります。それぞれ必要となる「鍵」の特徴と、長所と短所を理解しましょう。ちなみに、暗号化技術でいう「鍵」とは、実際の物理的な鍵ではなく、実態は「データの列」となります。

■ 共通鍵暗号方式

　共通鍵暗号方式とは、暗号鍵と復号鍵が**共通**した、同じ鍵を使う暗号方式です。
　長所は、公開鍵暗号方式に比べ、計算量が少なくて高速処理ができる点です。短所は、通信相手ごとに異なる鍵を用意する必要があるため、公開鍵暗号方式と比べ、管理する鍵の数が多くて煩雑になります。

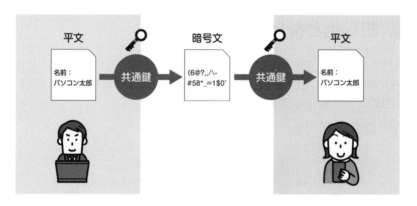

■ 公開鍵暗号方式

　公開鍵暗号方式とは、暗号化するときの鍵を**公開**している暗号方式です。復号するときには、受信者側の秘密鍵を利用します。秘密鍵は受信者しかもっていないため、公開鍵暗号方式では暗号化と復号にそれぞれ異なる鍵を利用します。
　長所は、公開鍵は誰でも入手できる鍵であることから、共通鍵暗号方式と比べ、通信相手と相互にやり取りする鍵の数が少なくなり、管理は平易になります。短所は、共通鍵暗号方式に比べ、数学的に複雑な計算が必要となり、計算量が多くて処理が遅い点です。

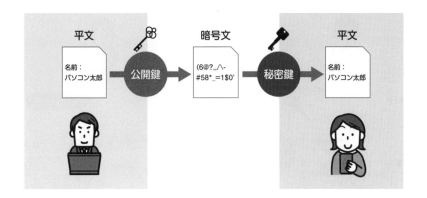

■ ディジタル署名

ディジタル署名とは、公開鍵暗号方式の技術を利用し、署名によってディジタル文書が本人のものであることを証明する仕組みです。**「なりすまし」を防ぐ**ための技術としてディジタル署名に利用されます。

例えば、ディジタル署名は、企業が大切な情報（見積書や請求書など）をオンラインで送るとき、データの改ざんを防ぐために使われます。もし、受け取ったデータが改ざんされた場合、ディジタル署名により検知することが可能です。

ディジタル署名の主な役割としては、次のことを覚えましょう！
・受け取った文書の内容が改ざんされていないことを確認できる
・受け取った文書の作成者が本人であることを認識できる

> ディジタル署名は、公開鍵暗号方式の技術を利用していますが、暗号化するときに秘密鍵でも暗号化します。

6
日目

2 ネットワークを技術で守る

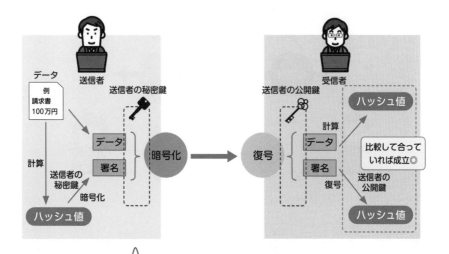

ハッシュ化とは、特定の計算手順により算出される、人間には解読できない値のことです。ハッシュ化すると、ハッシュ値が得られます。ITパスポート試験では、仕組みの詳細を暗記する必要はありません◎

関連用語

認証局 (Certificate Authority : CA)

認証局とは、電子証明書を発行するコンピュータの世界における身元保証をする第三者機関です。認証局に登録されている人物（企業の署名）が、本人のものであることを証明します。

ディジタル署名に設定されている人が、本人であることを示すことにも利用されます。（電子証明書はディジタル署名を包含するものです！）

■ TLS (Transport Layer Security)

TLSとは、インターネット通信を暗号化するプロトコル（5日目P.180）のことです。通信プロトコルのトランスポート層に該当し、インターネット上でやり取りする情報を暗号化して送受信するための仕組みです。

クレジットカードの情報や、企業の重要情報など、機密性の高い情報を安全に送受信できます。

関連
用語

HTTPS (Hypertext Transfer Protocol Secure)

HTTPS（エイチティーティーピーエス）とは、通信プロトコルの第4層である「HTTP通信」を、TLSを用いて暗号化するためのプロトコルです。従来のHTTP通信では暗号化が実現しなかったため、「HTTP**S**通信」によって盗聴の危険から守ります。

HTTPS通信により、受信者と送信者が安全な方法で共通鍵を共有するセキュアな環境をつくり出します。基本的にHTTPSが暗号化する範囲は、WebブラウザからWebサーバまでの間です。

HTTPS通信では、**TLS技術**（ティーエルエス）が導入されているWebページにアクセスすると、URLのプロトコル部分がhttpからhttpsに変わります。これにより、「Webサーバ(Webサイトの運営者)の身元を保証する電子証明書」で信頼できるWebサイトであることが証明できます。（認証局に問い合わせることで、そのWebサイトの管理者を確認できます◎）

> もともとはSSL通信(Secure Sockets Layer)が主流でしたが、1999年にTLSがリリースされ、移行されました。「SSLサーバ証明書」は、固有名詞としては利用されていますが、実際の技術はTLSが使用されています。

6
日目

2

ネットワークを技術で守る

it-sukima.comも、SSLサーバ証明書によって通信を暗号化しています。

2-2 その他のネットワークセキュリティ

> **POINT!**
> ・暗号化技術の他にも、ネットワーク経由の攻撃からデータを守る方法
> があります。
> ・ファイアウォール、IDS、WAFは、3つセットで役割と一緒に学習
> しましょう。

技術的脅威に備えるために、その他のネットワークセキュリティも確認しましょう◎

■ コンピュータを守る「3つの壁」

攻撃者からコンピュータ(ここでは主にサーバ)を守るための「3つの壁」(**3階層のフィルタリング**)について学習します。

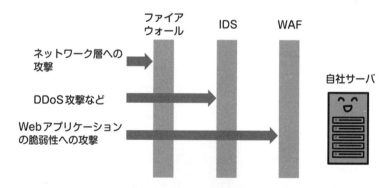

●【第1階層】ファイアウォール

ネットワークを通じた不正アクセスによる侵入を守る仕組みです。ファイアウォールの設置は、企業の社内ネットワークをはじめ、個人パソコンの単位でも設定可能です。あらかじめ通信を許可（もしくは拒否）するネットワークを指定し、それ以外のネットワークからの通信を遮断します。

ちなみにファイアウォールの直訳は「火の壁」ではなく、火災から身を守るための「防火壁」の意味なので、イメージに注意してくださいね🔥

× 火の壁   ○ 防火壁
（火事のとき炎をシャットアウトする壁）

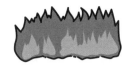 

●【第2階層】IDS

ファイアウォールで通信の接続制限をおこなっていても、許可されたネットワークからは制限なくアクセスできてしまいます。

IDS(Intrusion Detection System：不正侵入検知システム)を設置することで、通信を監視し、異常な通信を検知したら**管理者に通知**して対応の判断を仰ぐことができます。

似た機能に**IPS**(Intrusion Prevention System：不正侵入防止システム)があります。IPSは、異常な通信を検知したら、管理者への通知だけではなく、その**通信をブロック**するところまで動作します。

IDSとIPSは、いずれか一方が導入されていれば成立するので、サーバを守る壁の第2階層としてセットで覚えておきましょう！

●【第3階層】WAF

WAF(Web Application Firewall)とは、Webサイト上のアプリケーションに特化したファイアウォールです。Webアプリケーションの脆弱性を狙った不正な攻撃から守る役割を果たします。第1階層でのファイアウォールとは異なり、アプリケーションレベルでデータを解析して攻撃をブロックします。

WAFで守れる攻撃例として、**クロスサイトスクリプティング**や**SQLインジェクション**(P.198)は頻出のため、セットで覚えておきましょう！

VPN（Virtual Private Network:仮想閉域ネットワーク）

　主に複数の拠点をもっていたり、テレワークを推奨したりする企業で導入されています。企業の情報にアクセスするとき、「会社のオフィスのインターネット環境でのみアクセス可能」とすると安全性が高いですが、在宅勤務が進むテレワーク（リモートワーク）などの状況下において、企業で働く人の使い勝手は悪くなります。

　企業の物理的環境の外にいても企業ネットワークにアクセスしたり、拠点間で通信したりする機能として、仮想的に暗号化してつくられたネットワークのことをVPNといいます。

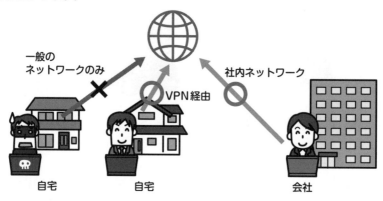

DMZ （DeMilitarized Zone）

　DMZは、ネットワークに接続する端末を守るために、「緩衝領域」として設置します。

　企業のネットワーク環境にとって、世の中に公開されたネットワークは攻撃の入り口になるケースが非常に高いです。危険なエリア（公開されたネットワーク）の付近に大切な情報を置くことは危ないので、トラブルが起こっても大丈夫なように緩衝領域を設け、そこには大切な情報は置かないようにするという設計思想がDMZです。

　DMZは、公開されたネットワークである「危険なエリア」と自社内のネットワークである「安全なエリア」の中間地帯に設置することで、隔離されたネットワーク領域を実現します。ちなみに「DeMilitarized Zone」とは、直訳すると「非武装地帯」という意味です。

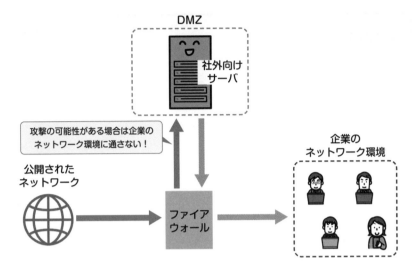

WPA2 (Wi-Fi Protected Access 2)

WPA2（ダブリュービーエーツー）は、無線LAN上での通信を暗号化し、保護するための技術規格です。WPA2では、パソコンから**アクセスポイント**（無線LAN／ルータ）までの通信を暗号化しています。

WEP（ウェップ）（Wired Equivalent Privacy）も同様に、無線LANのセキュリティ規格名ですが、セキュリティ技術の初期に登場したものです。暗号化しても容易に解読できてしまう脆弱性が見つかったことから、WEP、WPA、WPA2と強化されています。

今日の講義もおつかれさまでした！
それでは、明日のすきま教室でお会いしましょう🖐

6
日目

2

ネットワークを技術で守る

memo

7日目

1 コンピュータの世界

コンピュータの世界はどんな構造で成り立つのかをのぞいてみましょう。2進数がコンピュータとどう関係するのか、そして、コンピュータはプログラムをどう管理するのか。

これらを学習することで、ITパスポート試験の中でも、最も「IT職種の実務」に近い分野を身につけましょう!

キーワード #テクノロジ系　#0と1　#プログラミング　#ファイルとディレクトリ

1-1 コンピュータは2進数

POINT!

・コンピュータの世界は、電気が流れたときを「1」、電気が流れていないときを「0」として情報を解釈し、2進数で成り立ちます。
・IPアドレスも、元をたどると2進数でできています。

　私たち人間がモノの数をかぞえるときは**10進数**を利用していることから、「0，1，2，3，4，5，……」と、0～9までの10種類の数字を使います。一方で、コンピュータの世界では**2進数**が利用され、「0と1」の2種類の数字で成り立っています。

　それでは2進数がどんなもので、コンピュータが動くために、どのように活用されているのかを見ていきましょう!

■ 2進数とは

コンピュータの世界が2進数で成り立っていることは、どこかで耳にしたことがある人もいるのではないでしょうか？　ですが、コンピュータと2進数がどのように関係しているか、理解できている人は少ないかもしれません。

この理由は、コンピュータが**電子回路**によって動作していることにあります。電子回路は、電気が流れたか・流れていないかの**信号**（電気信号）を受けることで反応・動作しています。コンピュータの世界では、電気が流れているときを「1」、電気が流れていないときを「0」として情報を解釈するため、2進数で成り立っています。

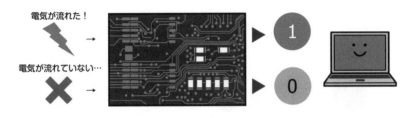

7
日目

1 コンピュータの世界

2進数は、0と1のみで構成されているため、数のかぞえ方も「0, 1, 2, 3, 4, 5, ……」と続く10進数とは異なります。2進数では、右表のように数をかぞえます。

私たちが普段、目にする「10進数」とは桁の上がり方が異なるため、この点も注意して理解しましょう！

10進数	2進数	
0	0	
1	1	
2	10	桁が上がる
3	11	
4	100	桁が上がる
5	101	
6	110	
7	111	
8	1000	桁が上がる
9	1001	
桁が上がる　10	1010	
…	…	

> 2進数を10進数に変換する方法は試験での出題頻度が低く、難易度も高くなるため、この本では紹介していません。ですが、「ITすきま教室」のYouTubeチャンネルではご紹介しているので、興味のある方は見てみてくださいね◎

▶YouTube

■ データの単位

2進数について理解できたら、続いてはコンピュータの世界で情報を扱うときの単位について学習しましょう！

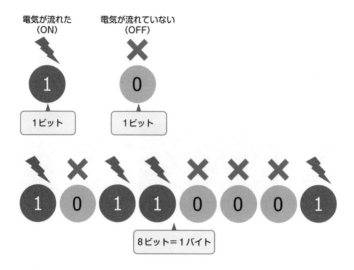

コンピュータの世界で扱う「情報」の最小の単位のことを**ビット**(bit)といいます。図のように、「1」か「0」だけの1桁を指して〝**1ビット**〟といいます。

また、1ビットが8つ集まった単位を**バイト**(byte)といいます。図のように、「1011 0001」という数値の羅列があったとき、この情報をまとめて〝**1バイト**〟といいます。

8ビット＝1バイトであることは、コンピュータの世界では大切なルールになります。1時間が60分であることと同じくらい、当たり前のルールとして暗記しましょう◎

例題

2バイトで1文字を表すとき、何種類の文字まで表せるか。

(平成25年 秋期 ITパスポート問76［改］)

「2バイトで1文字を表す」ということは、単位をビットに直すと、<u>16ビットで1文字を表現できる</u>ことが分かります。

×2 { 1バイト＝8ビット / 2バイト＝16ビット } ×2

この16ビットのうち、1ビットあたりには「0」または「1」のいずれかが入ります。

16ビット分に **0 or 1** のいずれかが入る
＝
2^{16}**通りのパターン**

つまり、2^{16}通りの表現ができるため、計算すると（少し大変ですが…🖐）、次のように求められます。

$2^{16}=\underbrace{2 \times 2 \times 2 \times \cdots\cdots \times 2}_{\text{2を16回、掛け算}}=65,536$

答え：65,536通り

> 実際のITパスポート試験は、4つの選択肢の中から解答する形式のため、多少の計算ミスがあっても正解に近いものを選ぶことでリカバリーできることがあります💡
> （それでも試験までに、手元での計算に慣れておいたほうがお得ですよ！）

7 日目

1 コンピュータの世界

■ IPアドレスと2進数

5日目（P.176）で学習した**IPアドレス**も、2進数で表現されます。IPアドレス
は、次のような数字の羅列で記載されます。

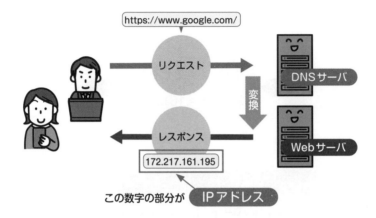

この、IPアドレスとして表記されている数字は**10進数**で記載されていますが、
「.」で区切られた各数字を8ビットの2進数に直すことができます。

次の図例のうち、10進数「3」は2進数「11」の2桁に変換されますが、「8ビッ
トの2進数（≒8桁の数値）」と定義されたときには、桁を補うために「0000
0011」と記述することになります。

IPアドレスは、人間にとっての視認性（見やすさ）の観点などから、コンピュー
タの画面上は10進数で表現されます。

IPアドレスの枯渇問題

IPアドレスは、「8ビットの2進数」で、その桁数があらかじめ定義されていることが分かりました。下記のIPアドレスの場合は、2進数で8ビットの塊が4つごとに区切られて表記されているため、全体では32ビットになります。

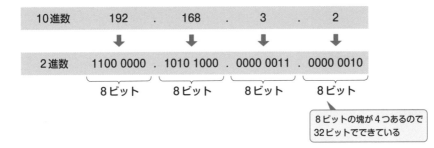

8ビットの塊が4つあるので
32ビットでできている

この32ビットで表現されるIPアドレスを**IPv4**(Internet Protocol version 4)といいます。つまり、IPv4のアドレス総数は、2^{32}個(42億9,496万7,296個)です。最大約43億台のコンピュータがインターネットに接続できます。

しかし、現在では、IPv4アドレスが足りなくなったので、新たに**IPv6**(128ビットのIPアドレス)を使用することで、接続機器の増加にも耐えられるよう、移行が進んでいます。

7
日目

1

コンピュータの世界

■　サブネットマスク

　ここまでの学習で、**IPアドレス**は4つの数字の塊で区切られていることが分かりましたが、さらにIPアドレスは**ネットワーク部**と**ホスト部**に分けることができます。

・**ネットワーク部**では、インターネットの住所（どのネットワークに所属するか）を表現する。
・**ホスト部**では、同じネットワークの中で誰に接続されているのか（どのコンピュータなのか）を表現する。

　ですが、このネットワーク部とホスト部は、IPアドレスを見ただけでは区別できません。

```
                            どこまで?      どこから?
            ←── ネットワーク部 ──→ … … ←── ホスト部 ──→

2進数     1100 0000 . 1010 1000 . 0000 0011 . 0000 0010
```

　そのため、**サブネットマスク**を利用することで、IPアドレスのうち、どこからどこまでがネットワーク部であり、ホスト部となるのかを判別します。
　次のようにサブネットマスクが指定された場合は、「1」で表現されている部分がネットワーク部で、「0」で表現されている部分がホスト部となります。

	←── ネットワーク部 ──→	←ホスト部→
IPアドレス	1100 0000 . 1010 1000 . 0000 0011 .	0000 0010
サブネットマスク	1111 1111 . 1111 1111 . 1111 1111 .	0000 0000

> 上記のサブネットマスクを10進数に直すと、[255.255.255.0] と記載されます。この表記は、そのまま覚えると便利です。

1-2 コンピュータプログラム

▶YouTube

POINT!

・マークアップ言語には、HTMLやXMLがあります。

・プログラム言語には、コンパイルが必要な言語と、そうでない言語に、さらに種類が分かれます。

　5日目で扱った「ソフトウェア」は、**プログラム**によって動作します。プログラムとは、プログラム言語の文法に従い、システム処理（計算処理）の手順をコンピュータに指示することです。

　プログラミング未経験の人もイメージできるように、1つずつ整理していきましょう◎

言語の種類

　コンピュータに指示を出す「**プログラム言語**」の種類は、次のように大別できます。

マークアップ言語

プログラム言語 ── コンパイラ型言語

コンパイル（P.232）が必要な言語。処理が速い。
　例：C、C++、Fortran、…

インタプリタ型言語

コンパイルが不要な言語。処理が遅い。
　例：JavaScript、Python、Ruby、Perl、…

7
日目

1 コンピュータの世界

マークアップ言語

マークアップ言語とは、コンピュータ上のテキスト表現に目印（マーク）を付けて意味付けをする言語のことです。代表的な言語には、**HTML**と**XML**があります。マークアップ言語も、プログラムを書くこと（プログラミング）にはなるのですが、厳密には「プログラム言語」には分類されないため、区別して理解しましょう。

詳細は、下記の具体的なマークアップ言語のルールを確認していきましょう！

● HTML（HyperText Markup Language）

HTMLとは、Webページを作成するために開発された言語です。表現において、次のような役割をします。Webサイトで表示したい文面を、さまざまな「タグ」で囲んで表現します。

HTMLの表記	**Webブラウザでの表示**
<h1>はじめての「ITすきま教室」！</h1> <p>こんにちは！ITすきま教室のお時間です。</p> <p>復習は、</p> <a href="https://it-sukima.com/">ITすきま教室のブログ</a> <p>からどうぞ！</p>	**はじめての「ITすきま教室」！** こんにちは！ITすきま教室のお時間です。 復習は、 <u>ITすきま教室のブログ</u> からどうぞ！

さらに、これらに色をつけたり文字の大きさや配置を指定したりするためには、**CSS**（Cascading Style Sheets）という言語を利用します。CSSはマークアップ言語には分類されず、**スタイルシート言語**という独自の言語であり、常にHTMLとセットで使用します。

● XML（eXtensible Markup Language）

HTMLと同じマークアップ言語に分類されますが、HTMLより自由度が高く、コーディング規則（ルール）が厳しい言語です。頭文字「X」の元となる「eXtensible」とは「拡張できる」という意味で、Webサイトにおける拡張機能として利用されています。

例えば、みなさんはWebサイトを閲覧するとき、右のようなマークを見たことはありませんか？

これは、**RSS**（Rich Site Summary）と呼ばれるWebサイト上の機能で、Webサイトの新着情報を配信するXMLフォーマットのことです。

　RSSファイルをもとに、Webサイトの更新情報がいち早くみなさんの手元に通知として届きます。RSSリーダを利用したサービスには、Feedly^{フィードリー}やIFTTT^{イフト}などがあり、XMLファイルにより、さまざまなWebサイトから定期的に最新情報を取得できます。RSSは、XMLファイルの1つとしてセットで覚えておきましょう◎

■ プログラム言語

　続いて、**プログラム言語**です。マークアップ言語では文字情報を「タグ」で表現しましたが、プログラム言語とは、「1＋1」などの解くべき問題を定義すると、「2」と返してくれるような処理をする言語です。下記の2種類を押さえましょう。

	コンパイラ言語	インタプリタ言語
概要	コンパイルが必要な言語。コーディングがひととおり完了してから、すべてのコードを機械語に翻訳し、実行する。処理速度は速い。	コンパイルが不要な言語。コードを実行する際に、1行ずつ機械語に翻訳する。処理速度は遅い。
言語例	C、C++、Fortran など	JavaScript、Python、Ruby など
補足	一度プログラムを書き切ってから（コーディング）機械語に翻訳されるため、コンパイルしたときに機械語に翻訳できないエラーがあると、調査・修正が必要になり、デバッグが複雑化しやすい。一方で、すべて翻訳してから一気に実行することが可能なため、処理速度は速くなる。	1行ずつ実行しながらプログラムコードを確認できるため、デバッグしやすく、正しいコードを速く作成できる。一方で、1行ずつ機械語への翻訳が必要なため、その分、処理速度が遅くなる。

> 合わせて、次の言葉も知っておくと便利です！
> ・コード(code)：プログラムの記述内容のこと。
> ・デバッグ(debug)：コンピュータのプログラムの誤り（＝バグ）を見つけ、修正すること。bugとは「虫」の意味なので、「虫取り」ということもある。

7
日目

1

コンピュータの世界

関連用語　コンパイル

プログラム言語のイメージをつかみましょう！
プログラムを書く（プログラミング）のは人間ですから、プログラムは人間に分かる言葉（人間語）で書かれています。プログラミングには、黒い画面に、アルファベットがたくさん並んでいるようなイメージをもっている人も多いのではないでしょうか？

ですが、書いたプログラムを実行するのはコンピュータです。P.222でも学習したように、コンピュータの世界は0と1だけ（2進数）で成り立っており、コンピュータに分かる言葉（機械語）に翻訳する必要があります。
人間に分かる言葉は、コンピュータには分かりません。逆に、コンピュータにしか分からない言葉（0と1の羅列）を人間が正確に記述したり理解したりすることは、複雑であり、難しいことです。
そのため、**コンパイル**をおこない、人間語から機械語に翻訳すると、コンピュータがプログラム処理を実行し、実際に画面上で指示どおりの挙動をしてくれるようになります。

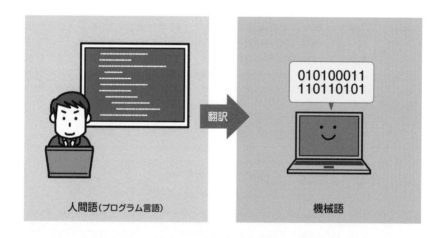

人間語（プログラム言語）　　　　　　　　機械語

翻訳

1-3 ファイル管理

POINT!

- コンピュータ上にある「ファイル」は、ファイルシステムで管理されています。
- コンピュータ上でファイルを呼び出すときは、ファイルパスを指定します。

続いては、「ファイル管理」のお話です！

プログラミングをおこなったデータは「プログラミングファイル」に保存され、動画は「動画ファイル」、エクセルは「エクセルファイル」など、コンピュータに保存されるさまざまな種類のデータは**ファイル**として保存されます。

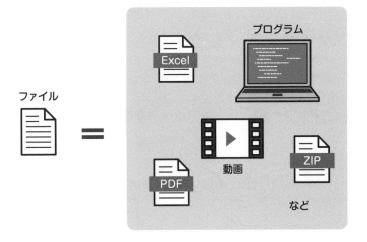

ファイルシステム

まず、コンピュータで扱うデータ形式「ファイル」は、**ファイルシステム**で管理されています。パソコンを触ったことがある人は、次のようなファイルシステムの画面で操作したこともあるのではないでしょうか…？

7日目

1 コンピュータの世界

このファイルシステムでは、**フォルダ**をつくり、その中にファイルを入れて管理します。この「フォルダ」と「ファイル」の構造が、ファイルパスの問題（P.238）でとても重要になります。どちらも名前が似ていますが(!?)、しっかりと区別しましょう🐼！

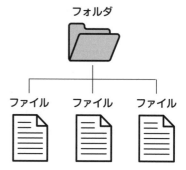

■ ファイルとディレクトリ

ここで、先ほどプログラムもファイルであることに触れました。このとき、マークアップ言語であるHTMLファイルが、CSSファイルと一緒にWebサイトを表示する際、HTMLファイルからCSSファイルを**呼び出す**といった作業が必要になります。

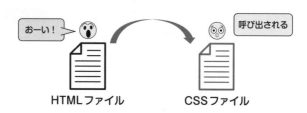

この、HTMLファイルがCSSファイルを呼び出す方法は、ファイル内に**ファイルパス**を記述することで実行できます。

この点は、プログラムを書いたことがない人にも分かりやすく説明していきます！

例えば、次のような「ITすきま教室」のWebサイトがあったとします。

このWebサイトは、HTMLファイルから、次の3つの異なるファイルを呼び出しています。

・文字の大きさ、配置、配色を指定するCSSファイル
・「ITすきま教室」のロゴ画像ファイル
・「ITすきま教室」のメイン画像ファイル

| HTML
ファイル | CSS
ファイル | ロゴ
画像ファイル | メイン
画像ファイル |

このとき、HTMLファイルからは、それぞれのファイルを呼び出すために**ファイルパス**を指定します。ファイルパスを指定するときには、コンピュータの中でファイルがどこに配置されているか（ファイル構造）を元に呼び出しを記述します。

7
日目

1

コンピュータの世界

今回の「ITすきま教室」のWebサイトは、次のファイル構造をとっています。また、**ルートディレクトリ**とは、その階層構造の1番上のことを指します。

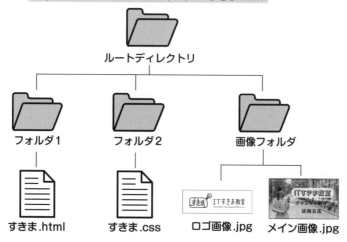

これを踏まえ、ファイルパスの指定ルールは次のとおりです。

ファイルパスの指定ルール

・1階層上のディレクトリは"**..**"で表す。
・経路上のディレクトリを順に"**/**"で区切った最後には「ファイル名」を指定する。
・現在、自分が配置されているディレクトリ（カレントディレクトリ）は"**.**"で表す。

※上記のルールは、ITパスポート試験の問題文には記載されている内容なので、このタイミングでは理解に徹底し、暗記はできなくても大丈夫です！

「ITすきま教室のWebサイトでのファイル構造」と「ファイルパスの指定ルール」が分かったところで、次のファイルパスの指定方法（ファイルを呼び出すときの記述方法）を知っておきましょう！

① 「すきま.html」から「すきま.css」を呼び出すとき

「すきま.html」から、ファイルパスの指定ルールに沿って、フォルダ2に入っている「すきま.css」を呼び出します。

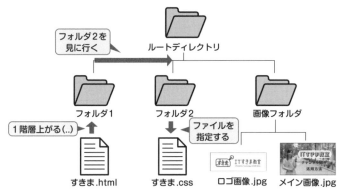

すると、ファイルパスは次のように指定できます。

../フォルダ2/すきま.css

② 「すきま.html」から「ロゴ画像.jpg」を呼び出すとき

「すきま.html」から、ファイルパスの指定ルールに沿って、フォルダ2に入っている「ロゴ画像.jpg」を呼び出します。（やっていることは①と同じですね！）

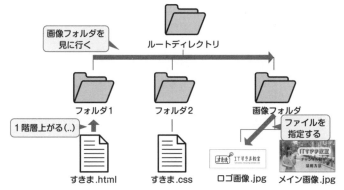

すると、ファイルパスは次のように指定できます。

../画像フォルダ/ロゴ画像.jpg

> ちなみに、これらは**相対パス**という記述方法です。ITパスポート試験では深く問われませんが、相対パスがメジャーである理由を補足します。（▶次ページ）

7
日目

1
コンピュータの世界

　プログラミングをおこなう際、私たちは手元のパソコンで記述しますが、実際にインターネット上で閲覧できるようにするためには、プログラムファイルをサーバにアップロードする必要があります。Webサイトとして公開したあとも、ファイル構造を崩さずにサーバにアップロードする必要があるため、相対パスでの記述が安全（手元のパソコンとサーバで記述方法が変わらない）になります。

　一方で、もし**絶対パス**でファイルパスを記述する場合、手元で記述したプログラムの「ルートディレクトリ」を書き換える必要があるため、ファイルパスに記述ミスがあったとき、サーバにアップロードする（公開後）まで、ルートディレクトリの記述ミスに気づくことができません。そのため、Web制作におけるソースコードの中でファイルを指定する方法としては、ほぼ相対パスが利用されます。
　絶対パスは主に、外部サイトへのリンクを記述したい場合に利用します。
　（例）HTMLでのリンクへの記述　　<a href="https://it-sukima.com">

例題　Webサーバ上において、図のようにディレクトリd1およびd2が配置されているとき、ディレクトリd1（カレントディレクトリ）にあるWebページファイルf1.htmlの中から、別のディレクトリd2にあるWebページファイルf2.htmlの参照を指定する記述を答えなさい。

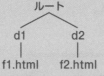

ここで、ファイルの指定方法は次のとおりである。

〔指定方法〕
・ファイルは、"ディレクトリ名/…/ディレクトリ名/ファイル名"のように、経路上のディレクトリを順に"/"で区切って並べたあとに"/"とファイル名を指定する。
・カレントディレクトリは"."で表す。
・1階層上のディレクトリは".."で表す。
・始まりが"/"のときは、左端のルートディレクトリが省略されているものとする。

（平成31年 春期 ITパスポート 問96〔改〕）

　今回は、「f1.html」から「f2.html」を呼び出すときのファイルパスを問う問題です。

　ファイルパスの指定方法には、さまざまなルールが記載されていますが、カレントディレクトリの指定は不要なので、2つめの〔指定方法〕ルールは利用しません。

　ITパスポート試験では、こうした「過剰説明」な問題も多数出題されるので、惑わされないようにしましょう！

　「ITすきま教室」のWebサイトでパスを指定したときのように、カレントディレクトリから、下図の矢印に沿って見たいファイルを探します。d2のディレクトリ（≒フォルダ）に入っている「f2.html」を、1つめの〔指定方法〕ルールを利用して指定してあげましょう！

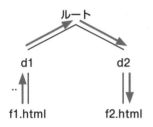

答え：../d2/f2.html

2 データを扱ってみよう

表計算やデータベースにおける「データ」の扱われ方を見てみましょう。今話題の「ビッグデータ」の活用における基礎となるお話で、日常的な予算・在庫の管理から、将来の売上予測を見立てることまで、ビジネスで広く活用できる分野です！

キーワード　#テクノロジ系　#Excel　#データベース　#ビッグデータ

▶YouTube

2-1 表計算

POINT！

・表計算ソフトウェアは、四則演算や関数を利用した数値計算ができるソフトウェアです。
・絶対参照と相対参照では、複写(コピー＆ペースト)したときの挙動が変わります。

　まずはデータを扱う身近なものとして、**表計算ソフト**の基礎を知りましょう。パソコンに触ったことがある人は、米Microsoft社のExcel(エクセル)というソフトウェアと同じ機能について紹介しているので、実際に知っているものに置き換えてみると理解が早いです◎

　動画版では、実際の表計算ソフト(Excel)を触っている様子が見られるので、併せてご覧ください！

表計算ソフトとは

　表計算ソフトとは、表に書き込まれた数値によって四則演算をしたり、関数を利用してあらかじめ用意された数式で数値計算をおこなうことができるソフトウェアです。

列

	A	B	C	D
1	商品名	価格	売上数量	売上総額
2	おかし	¥100	400	¥40,000
3	サンドウィッチ	¥180	300	¥54,000
4	おにぎり	¥150	200	¥30,000
5	カップラーメン	¥200	150	¥30,000
	…	…	…	…

行　　　　　　　　　　　　　　　　　　　　　　**セル**

　また、表の中の**セル**を指定するときには、行の番号と、列のアルファベットを組み合わせて表記します。例えば、上図で「おかし」のセルを指定するときは、**A2**と表記します。

> 行と列が、横と縦の関係であることがごちゃまぜになってしまう人は、「ひらがなにしたときの1画目」の向きから推測する暗記方法もあります◎（私が大学時代に編み出した独自の方法です笑）

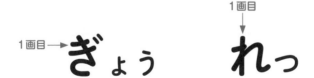

1画目→ **ぎょう**　　　1画目↓ **れっ**

7
日目

2 データを扱ってみよう

表計算ソフトの基本

　表計算ソフトによって、どのように計算ができるのかを知りましょう。次表の例は、ITパスポート試験の受験者3名の分野ごとの得点表です。

　例えば、田中たな子さんの合計点を**数式**によって求めてみましょう。この場合、下図ように、計算したい数値のセルを選択し、結果を表示したいセルに数式を入力することで結果を算出できます。

　表計算ソフトによる**四則演算**は、足し算（＋）、引き算（－）、掛け算（＊）、割り算（／）によって計算をおこないます。

	A	B	C	D	E
1	受験者名	ストラテジ系	マネジメント系	テクノロジ系	合計点
2	田中たな子	70	60	30	=B2+C2+D2
3	鈴木すず	90	85	100	
4	渡辺さき	60	65	70	
5					

結果：→160

数値　　　数値

　また表計算ソフトでは、**関数**といって、あらかじめ用意された数式を利用できます。上記の例と同様、田中たな子さんの合計点を、関数を使って求めてみましょう。

　この場合は、下図のように、合計値を求める関数の中で、合計したいセルのB2～D2までを連続して選択することで、結果を算出できます。

　代表的に利用されるExcelの関数には、合計値（SUM）、平均値（AVG）、セルの個数（COUNT）、最大値（MAX）、最小値（MIN）があります。

	A	B	C	D	E
1	受験者名	ストラテジ系	マネジメント系	テクノロジ系	合計点
2	田中たな子	70	60	30	=SUM(B2:D2)
3	鈴木すず	90	85	100	
4	渡辺さき	60	65	70	
5					

結果：→160

数値　　　関数

> この場合、SUM(B2:D2) と書かれた部分は、B2、C2、D2の区間を指定して、合計することになります。

相対参照と絶対参照

表計算ソフトの大きな特徴は、セルを複写（コピー＆ペースト）するときの種類（動き方）に**相対参照**と**絶対参照**の2方式があることです。順番に見ていきましょう！

● 相対参照

相対参照とは、セルの中で組んだ数式（または関数）の形式だけを**継承**する複写の方式です。例えば、下図の、田中たな子さんの合計点を求めたセル（E2）をコピーしたとき、

→E3にペーストすると、鈴木すずさんの合計点
→E4にペーストすると、渡辺さきさんの合計点

と、**合計点**を求める式だけが継承され、**結果**はセルに入力されている数値に応じて変わります。つまり、下図のように、田中たな子さんの合計点「160」が値ごとコピーされず、鈴木すずさん、渡辺さきさんの行の合計点が、それぞれのセルに算出されます。また、複写したセルの中身が、数式でも関数でも同じように相対参照されます。

	A	B	C	D	E
1	受験者名	ストラテジ系	マネジメント系	テクノロジ系	合計点
2	田中たな子	70	60	30	160
3	鈴木すず	90	85	100	275
4	渡辺さき	60	65	70	195

複写

> つまり、複写をしているのに、見た目の値（合計点）は数式や関数に応じた各行の値で結果が変動することになります！

● 絶対参照

絶対参照とは、特定のセルを**固定**したまま複写する方式です。相対参照とは異なり、複写しても参照する値は変わらず、コピー元とまったく同じ、固定された値が入力されます。

絶対参照の例として、受験者3名の得点率を求めるときの表計算ソフトの動きを元に見ていきましょう。受験者それぞれの合計点を、**共通する値300（満点）**で割っていきます。このとき、共通する値であるセルG2は固定したいため、絶対参照による複写を利用しましょう。

このとき、絶対参照（数値の固定方法）は、**G\$2**のように、アルファベットの後に＄マークを挿入することで実行できます。

下図のように、300（G2）の値を固定して複写すると、田中たな子さんの得点率を求めたセル（F2）をコピーすることになるため、

　　　→F3にペーストすると、E3/G\$2が入力され、鈴木すずさんの得点率

　　　→F4にペーストすると、E4/G\$2が入力され、渡辺さきさんの得点率

を求めることができます。

※この場合、F2では田中たな子さんの合計点（E2）の部分にドルマークが付いていないため、分母は絶対参照され、分子は相対参照されている状態です！

	A	B	C	D	E	F	G
1		ストラテジ系	マネジメント系	テクノロジ系	合計点	得点率	満点
2	田中たな子	70	60	30	160	=E2/G\$2	300
3	鈴木すず	90	85	100	275	92%	固定（絶対参照の元）
4	渡辺さき	60	65	70	195	65%	
5							

▶YouTube

2-2 データベース

POINT!

・データベースを利用することで、ビッグデータとして情報をビジネス等に活用できます。

・関係データベースでは、データの1つのまとまりを「テーブル」といいます。

・テーブル間で、どのようにデータが関係しているかを可視化するものをE-R図といいます。

続いて、世の中のニュースでもトレンドになりつつある"ビッグデータ"の原点、**データベース**について学習します。

Excelのような表計算よりさらに膨大なデータを扱うことができ、自由度も高いため、身近な例と一緒に理解していきましょう！

データベースとは

データベースとは、直訳すると「data」（情報）が集まる「base」（基盤）です。関係データベースでは、表計算ソフトとは異なり、次のような表（**テーブル**）を使って、データを表現します。テーブルは、Excelファイルなどのように「ファイル形式」としては扱われず、「情報」がデータベースの種類ごとに登録されます。また、縦列のことを**フィールド**、横列のことを**レコード**といいます。

●テーブル

フィールド

会員番号	名前	誕生日	住所
001	田中たな子	10/12	東京
002	鈴木すず	3/3	千葉
003	渡辺さき	5/20	東京
004	稲葉いなお	8/30	神奈川
…	…	…	…

レコード

関連用語

関係データベース（関係データモデル）

関係データベースとは、データベースに登録された情報を表として管理・可視化したものです。Excelの表と異なる点は、複数の表（テーブル）を関係付け、分析のためのデータ抽出などをおこなうことができる点です。

データベースの操作

データベースを利用して情報の分析・抽出をおこなうときに必要な知識を見ていきましょう！

● 主キー

主キーとは、レコード同士を区別するために、レコードごとに付ける一意となる値です。次図の場合、「会員番号」は主キーとして機能しています。入力されたデータ順にレコードを作成していく際に、会員番号を順番に振っていくことで、**重複することを回避**できます。つまり、会員番号001が2つ発生する等は起こりません。

7日目 2 データを扱ってみよう

主キーの条件として、重複する値がない、データに空がないことが挙げられます。

会員番号	名前	誕生日	住所
001	田中たな子	10/12	東京
002	鈴木すず	3/3	千葉
003	渡辺さき	5/20	東京
004	稲葉いなお	8/30	神奈川
…	…	…	…

主キー
重複しない、一意の値

● 選択と射影

データベースの操作における**選択**とは、レコードの抽出のことを指します。これは、1レコードだけではなく、2レコード、3レコード、……、全レコードを抽出しても、選択という操作になります。

また、データベース操作における**射影**とは、フィールドの抽出のことを指します。選択と同様、複数のフィールドを同時に抽出しても、射影という操作になります。

会員番号	名前	誕生日	住所
001	田中たな子	10/12	東京
002	鈴木すず	3/3	千葉
003	渡辺さき	5/20	東京
004	稲葉いなお	8/30	神奈川
…	…	…	…

選択

002	鈴木すず	3/3	千葉

射影

名前
田中たな子
鈴木すず
渡辺さき
稲葉いなお
…

● 結合

データベース操作における**結合**とは、2つ以上のテーブルを「くっつける」操作のことです。

次の例では、2つのテーブル、

　・商品テーブル
　・会員テーブル

において、「会員番号」が共通する情報となるので、この情報を元にテーブル同士を結合します。

この結合の操作により、注文番号「A112」の注文者は田中たな子さんであり、「住所」(届け先)が東京であることが分かります。

▼商品テーブル

注文番号	注文数	会員番号
A112	3	001
A318	1	002
B221	2	005
C551	2	008
…	…	…

結合

▼会員テーブル

会員番号	名前	誕生日	住所
001	田中たな子	10/12	東京
002	鈴木すず	3/3	千葉
003	渡辺さき	5/20	東京
004	稲葉いなお	8/30	神奈川
…	…	…	…

2つのテーブルに共通する「会員番号」フィールドを結合して抽出

注文番号	注文数	商品.会員番号	会員.会員番号	名前	住所
A112	3	001	001	田中たな子	東京
A318	1	002	002	鈴木すず	千葉
B221	2	005	005	宮本むさお	兵庫
C551	2	008	008	小林こば子	福岡
…	…	…	…	…	…

結合結果は「表名.項目名」となります

頻出であるデータベース操作「結合」の問題を解くときは、実際にテーブル同士を手元で描いて再現することで、ミスなく答えを導き出してあげましょう！

7
日目

2
データを扱ってみよう

■ E-R図

E-R図とは、データ同士の結び付きを可視化するための設計手法（モデリング）の１つです。

●E-R図の概略例

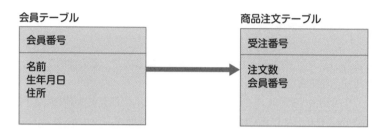

上図のように、箱と線でデータ同士を結び付けることで、データの構造を示します。

このときの箱となるデータを**エンティティ**（Entity：実態）といい、箱同士の関連を３種類の線で結ぶことで、データ同士の結び付きを表現します。

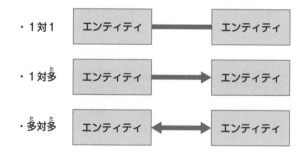

例えば、ECサイトのデータにおけるE-R図では、次表のようにエンティティ同士が紐付けられます。

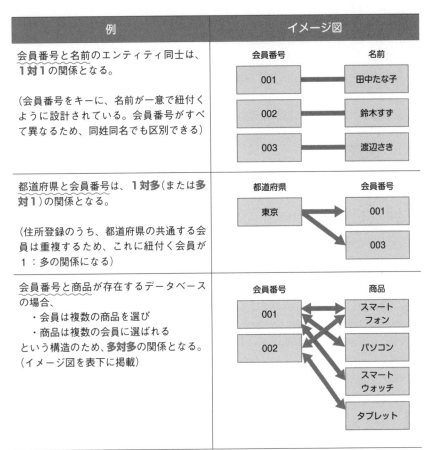

例	イメージ図
会員番号と名前のエンティティ同士は、**1対1**の関係となる。 （会員番号をキーに、名前が一意で紐付くように設計されている。会員番号がすべて異なるため、同姓同名でも区別できる）	会員番号　名前 001 — 田中たな子 002 — 鈴木すす 003 — 渡辺さき
都道府県と会員番号は、**1対多**（または**多対1**）の関係となる。 （住所登録のうち、都道府県の共通する会員は重複するため、これに紐付く会員が1：多の関係になる）	都道府県　会員番号 東京 → 001 → 003
会員番号と商品が存在するデータベースの場合、 ・会員は複数の商品を選び ・商品は複数の会員に選ばれる という構造のため、**多対多**の関係となる。 （イメージ図を表下に掲載）	会員番号　商品 001・002 ⇄ スマートフォン／パソコン／スマートウォッチ／タブレット

7
日目
2
データを扱ってみよう

※ E-R図の箱と線の種類については、試験の問題文にも記載されます。

多対多のイメージ
この場合、会員から見ても商品から見ても複数選択（多対多）が可能

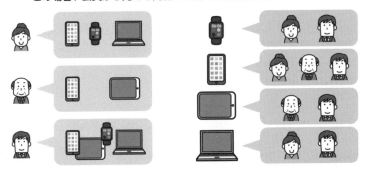

　また、E-R図は、4日目(P.117)で学習した**DFD**にも、図中で取り扱う情報が
似ていますが、次の点が大きく異なります！
・DFD　→ データの流れ
・E-R図 → データ(テーブル)の相関図

●DFDとE-R図の表示と役割の違い

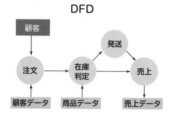

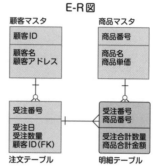

SQL (Structured Query Language)

　関係データベースは、**SQL**という**言語**でデータの操作・抽出がおこなわれます。
6日目で学んだ**SQLインジェクション**で利用される技術も、SQLのソースコード
レベルの脆弱性をついた攻撃です。

 ### データウェアハウス (Data Ware House：データの倉庫)

データウェアハウスとは、業務のために大量のデータを統合した管理システ
ムのことです。
データ分析をおこなう際、ビッグデータに蓄えられているデータに直接アク
セスし、データ抽出をおこなうことは滅多にありません。その理由は、デー
タベースに直接アクセスすることで、データベースに負荷がかかり、データ
を正しく蓄積できなくなるリスクがあるためです。そのため、分析環境とし
てデータウェアハウスにデータを蓄積することで、マーケティング等の分析
業務にデータを利用できます。

BIツール (Business Intelligence tool)

　BIツールとは、データベースに蓄積された情報を分類・加工・分析することで、

経営の意思決定を迅速に進めるためのデータ分析の業務支援ツールのことです。

データベースには、日々の企業活動(業務)の中で膨大なデータが蓄積されます。蓄積されたデータから、売上などの日々のデータ推移を確認するために、人間がいちいち表計算ソフト(Excelなど)でグラフを作成して情報を加工していると、分析結果を得るまでに時間がかかってしまいます。

BIツールを活用することで、この業務課題が解決し、**分析業務がスムーズ**に進みます。(1日目P.42で学習したBPMやBPRの業務では、こうしたツールを導入することも手段の1つとされています)

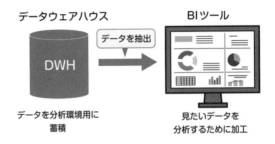

データウェアハウス　BIツール

データを抽出

DWH

データを分析環境用に蓄積

見たいデータを分析するために加工

> 企業内に存在するデータを保管しておく倉庫がデータウェアハウスであり、そのデータをレポートやダッシュボードとして可視化するのがBIツールです。

■ エンタープライズリサーチ

エンタープライズリサーチとは、社内外のデータを統合検索できるようにするためのシステムです。端的にいえば、企業で働く従業員に向けた検索エンジンです。

例えば、従業員が100人を超える企業では、従業員から質問があるたびに人事や総務に連絡が入ると、担当者の業務負荷がとんでもなく大きくなってしまいます。

そこで、人事情報や社内申請、事業情報などは、従業員自身で情報を取得できるように、社内外の情報をシステム化する必要があります。

企業内のデータをディジタル化し、検索システムとして利用できるようにすることで、膨大な情報に埋没することを防ぎ、従業員が効率よく社内情報を取得できます。

ここまで1週間、おつかれさまでした！✋
チャンネル登録・高評価もよろしくお願いします！

Index

索引

索引

■著者
渡辺 さき（わたなべ・さき）

2015年 東京都立大学 理学部化学科 卒業。同年、株式会社リクルートに
新卒入社。入社から6年以上、現在のWebマーケティング職に従事。
YouTube「ITすきま教室」では、ITパスポートや基本情報技術者試験をは
じめとしたIT／コンピュータサイエンスに関する情報を発信。
チャンネル登録者数は4.84万人（2021年6月時点）。

■構成・内容アドバイザー
五十嵐 聡（いがらし・さとし）

STAFF

編集	秋山智（株式会社エディポック）
	片元諭
編集協力	小宮雄介、丸山花梨
制作	株式会社エディポック
表紙デザイン	阿部修（G-Co.Inc.）
表紙制作	高橋結花、鈴木薫
表紙イラスト	神林美生
本文イラスト	さややん。
編集長	玉巻秀雄

■商品に関する問い合わせ先

このたびは弊社商品をご購入いただきありがとうございます。本書の内容などに関するお問い
合わせは、下記のURLまたはQRコードにある問い合わせフォームからお送りください。

https://book.impress.co.jp/info/

上記フォームがご利用頂けない場合のメールでの問い合わせ先
info@impress.co.jp

※お問い合わせの際は、書名、ISBN、お名前、お電話番号、メールアドレス に加えて、「該当する
ページ」と「具体的なご質問内容」「お使いの動作環境」を必ずご明記ください。なお、本書の範囲
を超えるご質問にはお答えできないのでご了承ください。

●電話やFAX でのご質問には対応しておりません。また、封書でのお問い合わせは回答までに日数をい
ただく場合があります。あらかじめご了承ください。
●インプレスブックスの本書情報ページ https://book.impress.co.jp/books/1120101037 では、本書
のサポート情報や正誤表・訂正情報などを提供しています。あわせてご確認ください。
●本書の奥付に記載されている初版発行日から3年が経過した場合、もしくは本書で紹介している製品や
サービスについて提供会社によるサポートが終了した場合はご質問にお答えできない場合があります。

■落丁・乱丁本などの問い合わせ先

FAX　03-6837-5023
service@impress.co.jp
※古書店で購入された商品はお取り替えできません。

1週間で IT パスポートの基礎が学べる本 動画講義付き

2021 年 7 月 11 日　初版発行
2022 年 7 月 21 日　第 1 版第 2 刷発行

著　者　IT すきま教室 渡辺さき

発行人　小川 亨

編集人　高橋隆志

発行所　株式会社インプレス
　　　　〒 101-0051　東京都千代田区神田神保町一丁目 105 番地
　　　　ホームページ　https://book.impress.co.jp/

印刷所　日経印刷株式会社

ISBN978-4-295-01162-0 C3055
Printed in Japan